智慧化背景下
公共图书馆空间优化研究

张健健　王　思　著

东南大学出版社
SOUTHEAST UNIVERSITY PRESS
·南京·

图书在版编目（CIP）数据

智慧化背景下公共图书馆空间优化研究 / 张健健，
王思著. -- 南京：东南大学出版社，2024.12. -- ISBN
978-7-5766-1862-4

Ⅰ. TU242.3-39

中国国家版本馆CIP数据核字第2024KC9478号

责任编辑：顾晓阳　责任校对：子雪莲　封面设计：余武莉　责任印制：周荣虎

智慧化背景下公共图书馆空间优化研究

Zhihuihua Beijing Xia Gonggong Tushuguan Kongjian Youhua Yanjiu

著　　者：张健健　王　思
出版发行：东南大学出版社
出 版 人：白云飞
社　　址：南京四牌楼2号　邮编：210096
网　　址：http://www.seupress.com
电子邮件：press@seupress.com
经　　销：全国各地新华书店
印　　刷：江苏凤凰数码印务有限公司
开　　本：700 mm×1 000 mm　1/16
印　　张：8.75
字　　数：218 千字
版　　次：2024 年 12 月第 1 版
印　　次：2024 年 12 月第 1 次印刷
书　　号：ISBN 978-7-5766-1862-4
定　　价：58.00 元

本社图书若有印装质量问题，请直接与营销部调换。电话（传真）：025-83791830

前　言

公共图书馆是一座城市的灵魂，是公众学习知识和接收信息的空间，也是公众交流思想与情感的重要场所。公共图书馆是一个面向所有人开放，平等地接纳每一位读者的场所。英国著名的哲学家卡尔·波普尔爵士在其《自我及脑》(*The Self and Its Brain*)一书中曾有这样的描述："假如人类所有的机器与工具都被破坏殆尽，但图书馆还保存着，那么人类就仍然可以发展起来；但如果图书馆连同全部的机器与藏书架、阅读桌椅、借还书自助设备全部毁掉，人类文明的重现将推迟数千年。"由此可以得出这样一个具有哲学意义的结论：图书馆的生存和发展对于人类的发展起着至关重要的作用。在所有的图书馆类型中，公共图书馆可以说是最重要的，因为它是面向社会中最广泛的读者群体，也是全社会精神财富的核心所在。

然而，随着时代的变化，公共图书馆的角色和功能也发生了巨大的变化。在信息技术高速发展的当下，公共图书馆不再仅仅是储存文献和供公众借阅书籍的场所，更是传达信息、交流信息以及制造信息的场所。信息时代让人们的生活节奏加快，与此同时，数字技术和网络技术的运用让人与机器的交流变得更加便利，这为公共图书馆的更新改造提供了强有力的动力。荷兰鹿特丹市图书馆馆长舒茨在上海市图书馆座谈会上曾提出："公共图书馆作为某种文化设施会永远存在下去，正像上海对新图书馆的需求一样，每个城市都需要有公共图书馆，这些图书馆不仅用来收藏图文资料，而且给人们提供开展文化娱乐活动的场所。公共图书馆不仅仅有藏书的功能，更是一个社会的、文化的中心。"

信息化时代背景下，大数据的冲击带来的变化不是区域表面的，而是由图书馆内部进行的革新：功能、模式、空间设计都随着智慧技术的发展有所改变。而这种变化也会影响到图书馆的使用、主要服务用户和空间形态设计。在物联网和人工智能等智慧技术的多重驱动下，图书馆必然将从物理图书馆、数字图书馆走向智慧图书馆，智慧图书馆将成为未来图书馆发展的方向和新形态。

本书以公共图书馆这一概念为核心，并由此延伸出了与智慧藏书、智慧运营、智慧布局和智慧服务等有关的形态。本书对当下城市公共图书馆的基本现状进行了剖析，并结合近年来国内外文献进行对比研究，从而得出了在智慧化的环境下公共图书馆的功能空间所出现的新的变化，并对其产生的影响和利弊进行了梳理，探讨智慧化背景下公共图书馆空间优化设计策略。此外，希望能通过本书，抛砖引玉，引起更多学者对公共图书馆未来发展趋势与变化进行更多探讨，从而让智慧化背景下的公共图书馆能够继续维持自己的独特性和不可取代性，为城市增添新的活力。

在本书编写过程中，研究生沈纪、李梓萱、朗宇欣、伏绚、宋康参与了部分工作，在此一并表示感谢。在编写过程中，我们广泛参考和借鉴了国内外相关著作、论文和相关案例，部分在本书参考文献中已列出，另有部分由于作者信息不详，未能一一列出，敬请谅解，在此谨向有关专家、学者一并致谢。由于作者水平有限、写作时间仓促，书中难免存在不足和错误之处，希望广大读者和同行专家批评指正。

作者

2023 年 10 月

目录

第一章

智慧化背景下公共图书馆的基本概念和相关理论

  在解释什么是"智慧图书馆"之前，我们必须分清楚什么是"公共图书馆"、什么是"公共空间"。前者所指代的内容是具象的，是后者的物质载体，也是建筑形式的具体体现；而后者所解释的内容是抽象的，并不是在现实中具体可指的某件事物，它是系统、关系、现象甚至理论。因此本书虽是对智慧图书馆功能空间的分析，但是不可避免要涉及对图书馆的研究。因为只有搞清楚城市公共图书馆的涵义，才更容易对城市图书馆建筑进行定义进而展开研究。"图书馆建筑是城市图书馆整体建设中的基础及重要载体"。首先，什么是智慧空间？"智慧"和"空间"，一个确定了研究对象的物理属性，一个确定了研究对象的空间属性，这样就对研究对象进行了准确的定位。

第一节 基本概念

一、公共图书馆

公共图书馆是一个城市的文化"心脏",广义上是指以多门学科、多种载体的图书文献资料为多种类型读者服务,并具备收藏、管理、流通等一整套使用空间和必要的技术服务的图书馆,包括国家图书馆、省(市)自治区图书馆、县(市)图书馆、区图书馆及基层图书馆等。公共图书馆是按行政区域划分和设置的,它的服务对象是公开登记的读者,服务对象一般没有特殊的限制,因此向所有公民平等无差别地开放、免费提供科研学习与生活交流的空间,是没有文化歧视、具有社会必要性的公共场所,是集合公民生活文化、思想交流、教育娱乐一体化的公共服务机构。

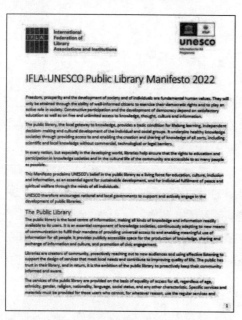

图 1-1 《公共图书馆宣言》

对于公共图书馆的目标定位和使用目的,联合国教科文组织发布的《公共图书馆宣言》进行了明确的阐述,可概括为:公共图书馆建设与发展应以持续终身的知识教育为依托,满足人们对于知识、文化和交流的渴望,依据使用对象的生活模式与思想观念进行改造与设计,通过创意性的表现形式与方法,呈现出使用者想要的空间状态,得以记录不同时间段下人们思想与观念的改变,满足使用者所需要的任何功能(图 1-1)。一般而言,一个国家的公共图书馆是设在首都的国家图书馆，其次，是省、市、县各级公共图书馆，共同形成公共图书馆网络。国家图书馆是全国性的书刊、信息荟萃的文化中心，是国家总书库、全国图书馆事业的中心，同时也是全国各地公共图书馆的业务指导中心，并且还担负着出版国家书目，组织国内外书刊互借、交换和业务交流的任务，也是电子计算机网络存储资料的网络中心，它更是整个国家和民族的经济、科学、文化、教育的代表与象征。

公共图书馆范畴包括政府设立与社会力量设立的公益性图书馆，性质是公共文化设施，面向对象是所有人，主要功能是处理信息、提供服务、开展教育，宗旨是满足个人和团体在教育、服务、休闲等方面的需求。

新中国成立以来，我国的公共图书馆事业得到了蓬勃发展。目前，我国已有包括县级以上公共图书馆在内的各级各类公共图书馆 6 900 多个，各级各类公共图书馆总藏书量近 12 亿册。

二、公共空间及优化

在我们的日常理解中，空间的概念在大多数情况下是指物体存在、运动的（有限或无限的）场所，是与实践相对的、但又密不可分的一种物质客观存在形式，也是人类思考万物本质的基本概念框架之一。在相关术语方面的划分上，空间包括宇宙空间、数字空间、物理空间等等，不同的学科将空间赋予不同的意义，例如，在地理学与天文学中，空间是指地球表面的一部分，将空间分为绝对空间与相对空间；在几何学中，人们把"点"（即元素）的集合以及具有类似几何的集合都称为空间，相关概念有"n"维空间、黎曼空间等等。

按照社会与文化的属性划分，空间又可划分为公共空间和私人空间。这方面的定义众说纷纭，不同学者给出的公共空间定义不尽相同。目前，国内外对于公共空间的定义主要有以下几种：日本城市规划学者池田知久将"公共空间"定义为"除私人领域外，任何人可以进入的公共领域"。德国学者克伦堡认为，公共空间是"围绕在建筑物周围，供人们活动和进行各种交往活动的地方"。英国学者巴洛认为，"公共空间"是指由人们使用的地方，它包括公园、广场、街道等。美国城市规划学者奥姆斯特德认为，"公共空间是一个有机体，它在社会生活中占有一定的位置并为人们提供一个场所"。国内学者胡文仲认为，"公共空间是指一个特定区域内发生的与人有关的活动，而不是指一片区域内发生的活动。它既包括了人们在室外进行的各种活动，也包括了人们在室内进行的各种活动"。

由此我们可以得出，公共空间是指在城市中人们为自己的利益而共同使用的空间，是城市中人们共同享受的、非官方和非商业性的公共设施。

在狭义上，公共空间可理解为那些可供城市居民日常生活及社会生活公共使用的室内及室外空间。公共空间的种类很多，主要包括以下几种：

1. 广场：广场是由人工构筑物或自然地形所构成的开阔场地。广场是城市公共空间中最具代表性的空间之一，也是人们进行各种社会活动最重要的场所之一。在城市中，广场可以为人们提供一种轻松、自由、舒适的环境，人们可以在其中开展各种活动，例如集会、戏剧、文艺表演等。

2. 公园：公园是一种以绿化环境为主体，并具有一定游憩功能的绿地系统。它既有城市公共绿地的性质，又具有较大的活动空间，可以供人们进行各种娱乐和体育活动。

3. 街道：街道是城市中的交通主干道，也是城市中最主要的公共空间。它能够给人们提供一种安全和舒适的环境，是城市公共空间中最具代表性的空间之一。

从广义上说，公共空间不仅是个地理的概念，它还包括人文属性，尤其是包含进入空间的人们，以及展现在空间中的公众参与、交流与互动。这些活动不仅包括公众自发形成的日常文化休闲活动，也包括自上而下组织的大型活动和集会。

公共空间具有公共性，其本质属性是不以营利为目的的，它能够满足公众的利益需要。但由于公共空间的公共性，也会受到一些限制。比如，公众在公共空间活动时会产生一定的拥挤和噪声等环境污染，这种污染与商业利益无关。公共空间具有开放性，其开放程度与公众的需求是成正比的。随着城市公共空间规模和数量的不断增加，以及社会对公共空间认识的不断深化，人们对公共空间的需求也越来越高。现在一些大城市，如北京、上海、广州等都出现了公共空间饱和的现象。在这些城市中，一些商业设施已经无法满足公众的需要。因此，必须建设更多更好的公共设施，以满足公众日益增长的需求。

公共空间的出现，是现代城市发展和人的需求发展到一定阶段的产物。它既不同于传统社会中私人空间和公共空间的区别，也不同于现代社会中私人空间和公共空间的区别。它是一种城市公共生活方式，它能够促进城市社会生活的多样化发展，推动城市文化、艺术、商业等领域的创新。

公共空间作为一种城市生活方式，在一定程度上能体现一个城市的精神风貌。当公共空间中的人都相互认识，每个人都知道对方的存在，就会更容易产生认同感和归属感。另外，公共空间的存在还能为人们提供一个相互交流的平台，从而形成更具凝聚力和向心力的集体，能够让人们在其中共同创造出具有某种象征意义和意义价值的东西。

随着现代社会的发展，"空间"这个词的含义也变得更加宽泛，已经不仅仅是一个客观的实体地方，更多的是和人们的文化、生活和精神联系在一起的。美国社会学者雷·奥登伯格在他的《绝对的权利》一书中首次引入"第三空间"这一新的理论观点，并由此引起了学术界广泛关注。当前，"空间"一词在文学、艺术、建筑、哲学、社会学和信息网络等诸多学科中已经成为一个出现频率较高的词语。

"空间优化"作为一个普通且常见的词汇，实则非常重要。在中国知网的数据库中，我们发现了一些与"空间优化"相关的词汇，例如：空间改造、空间重构、空间重组、空间再生、空间再利用等。这些词汇都是由不同的作者根据自己的写作需求来选用的。魏也华先生于 1990 年在《地域研究与开发》杂志上刊登了一篇名为《关于经济发展区域小城空间格局重构》的论文。文中提到："新城市建设中出现了一种新现象，即在旧的城市中心区域，逐渐形成一种新的城市中心——即所谓'新中心'。这种新中心是一种特殊的'新生城市'，它以其独特的区位优势、文化优势、生态优势和经济优势吸引着众多投资者。因此，人们常常用'新生'来形容这种现象。"从物质地理学的角度对此展开了探讨。"空间优化"这一术语在图书馆界得到了广泛使用。

在本书所研究的公共图书馆领域中，"公共图书馆"与"空间优化"两词搭配的频次越来越高，基本上也已发展成为一种使用习惯。

"优化"一词从字面上看，似乎就是对图书馆的更新改造和设计，使其符合最根本的意义。但从感情上看，"优化"就是对图书馆的"复活"、重新"给予"生命新的意义。只有具有了新的生命，一个图书馆才能焕发新的生命力。所以从某种程度上讲，"优化"一词也可以说是对"改造"一词的重视。因为改造，可以让一个图书馆获得新的生命。它的改变，会让人产生一种脱胎换骨的感觉。

在中国知网和万方数据库中进行检索，我们发现，早在 1997 年，李涌在《北京图书馆馆刊》上发表了一篇题为《试论馆舍空间的再利用——兼论新服务项目的开发》的论文，其中采用了关键词"重新利用"，由此我们可以看到，"空间优化"这一术语并不是一个新鲜的话题。

2012年，鲍盛华在《图书馆学研究》上发表的文章《数字图书馆模式下阅读的空间再造》中提出了"图书馆＋空间＋重建"这一命题。夏国锋在《江西师范大学学报（哲学社会科学版）》上以《城市文化空间的再造与农民工的社会融入——以深圳市农民工公共图书馆建设为例》为题对这一命题进行进一步探索；石薇芬在《科技创新导报》上发表的《图书馆建筑空间功能再造》一文则从"图书馆"的空间功能优化这一命题出发进行研究，发现我国公共图书馆事业发展到现在，图书馆的空间优化与改造已经逐步转向了信息共享空间、第三空间、创客空间和智能空间。

三、智慧化

"智慧化"和"智能化"这两个概念看似含义相近，其实有着完全不同的源流。"智能化"这一名词出现得更早一些。早在1950年，有"人工智能之父"之称的图灵，发表了题为《计算机器与智能》的一篇文章，被称为"图灵测试"，为之后的人工智能提供了开创性的科学构思。通过知网对于"智能化"一词的检索可以发现，从20世纪60年代初开始，中国开始了人工智能在生活生产工具上的技术创新之路。

而与之相对的是，尽管"智慧化"比"智能化"更迟，但是它所蕴涵的意义和"智能化"并不完全相同。"智慧化"在词义上虽然包含着"智能化"，但是在组合词中，它同时包含着"信息化""自动化""数字化""机械化"等诸多含义。首先，在字面意义上，"智慧化"一词不仅是信息化和智能化建设的最新一步，其特点是融合了深度学习和边缘计算等先进技术；也可以在"智慧化建设""智慧化工程"等偏向性词语中用作"智慧化"的修饰语，用于探讨"智慧"的前沿技术。

虽然"智慧化"一词在1997年《工程设计CAD及自动化》杂志刊发的学术论文中就已出现，但是并未广泛传播。2009年前后，"智慧城市"的概念正式被引入中国，这可以视为"智慧化"一词的发端。2010—2012年，以"管网智慧化""工业园智慧化""乡村智慧化""交通智慧化""校园智慧化""图书馆智慧化"等为题的研究纷纷出现。

"智慧化"的内涵指"智慧化"的一般架构以及一般架构中数据基础、技术意涵、业务功能三个层面的关键属性、内容及现状和发展趋势。从数据基础的角度理解，"智慧化"主要对应三类数据：社会基础数据、视频数据（含音频、图像数据）、非视频数据（时间序列监测数据）。在智慧化建设过程中，这三类数据相互融合才能实现最大效益。从技术的涵义理解，只要是前沿的、先进的技术，都在"智慧化"概念的范畴内。虽然智慧化在技术层面最初的主要内涵是深度学习和边缘计算，但就像所有热门的概念一样，智慧化在技术层面的指涉从诞生开始就在高速泛化，事实上智慧化可以涵盖当前所有的前沿技术。从业务功能的角度出发，智慧化系统的主要业务包括综合安全监管、综合能耗监管、综合运营服务三大类，对应社会运行中的安全、经济、效率三大核心需求，智慧化系统如今已渗透我们生活技术的方方面面。

随着物联网、云计算、大数据、人工智能等技术的快速发展，智慧化技术已成为国家战略需求和未来经济发展的重要支撑，智慧化技术正以其强大的生命力和广阔的应用前景，深刻改变着人类的生产生活方式。智慧化技术是以智慧化为目标，以泛在感知、互联互通、智能处理、精准应用为主要特征，以全面提升人的感知和自主决策能力为核心功能，具有高度智能化的系统和产品。

智慧化技术是由技术体系和应用体系两大体系构成。技术体系是指为智慧化技术提供支持的各种知识和方法。应用体系是指应用于智慧化技术的各类产品和系统。包括以感知为基础的智能终端、智能传感器，以互联互通为基础的各类网络通信系统及智能云平台等。

通过对"智慧化"一词的外延理解，本书所研究的城市公共图书馆便涉及了"智慧＋功能""智慧＋场景""智慧＋产业"三个方面，包括智慧监管、智慧社区、智慧文旅、智慧教育等多个概念，通过创新手段来提高公众的生产生活质量。

"智慧化"是我国信息化建设的最新阶段，其概念内涵将在产业实践中不断深化，成为我国全面实现现代化建设过程的重要组成部分。

通过上文对"智慧化技术"与"公共空间"的单独分析，我们不难看出，对于智慧化与空间相结合，主要是有以下几种理解方式：

1. 在之前的概念介绍中，我们提到了智慧化技术方法可以嵌入到空间，可以分成两种类型，一种是浅层型，一种是更深层型。我们在这个领域见过几个实例。举例来说，目前已有的将诸如机器人之类的智能机械置于需要的地方的方法；再往深处说，就是让空间成为一台聪明的机器。

2. 利用人工智能理论指导空间的改变是一项重要的任务，它可以帮助我们更好地理解空间的本质，从而更好地利用空间。首先，可以利用人工智能理论，了解空间中存在的各种问题，并将这些问题转化为具体的解决方案。其次，可以利用人工智能理论，探索空间中存在的新机遇和新挑战，以便更好地把握未来的发展趋势。最后，可以利用人工智能理论指导空间改变，通过分析、优化和改进空间中的资源配置和使用方式，实现空间的优化和创新。在人工智能理论指导下，我们可以更加有效地利用空间资源，把握未来发展趋势，实现空间的改变。

3. 将智慧化技术所涉猎的各项技术应用于空间，如体感技术、机器视觉、指纹识别等。

4. 空间有类人的能力、思维、行为，可以认为空间具备与人类似的能力、思维、行为，甚至具备与人类相似的思考方式与思维模式，或者说空间具有与人类相似的分析能力，具有比单纯的类人思维行为等更理性的思维方式和行为。

智慧空间理论研究起源于 1991 年。美国科学家马克·威瑟在《计算机体系结构》一书中首次提出普适计算的概念。他认为，最强大的技术应该是看不见的技术，是融入人们生活中并消失在日常生活中的技术。"智慧空间"这一概念早已被国内许多领域研究者所熟知，而其理论研究的起源却鲜为人知。

"智慧化技术 + 空间"是智慧空间理论研究的起源。在这个阶段，"智慧化技术"仅仅是智慧空间理论研究的一个切入点，而并非终点。因为随着科技进步、技术迭代、场景变化、需求更迭等因素影响，"智慧化技术 + 空间"也已经到了一个高阶版本——智慧空间。"智慧化技术 + 空间"已经进入高阶版本。

第二节　相关理论

一、图书馆智慧化服务

图书馆智慧化服务是指利用信息技术构建的一个有机系统，它以用户为中心，通过先进的信息技术手段，实现图书馆服务流程和模式的智能化，从而提高图书馆资源的利用率。

在社会语境下，图书馆作为社会文化机构为整个智慧城市及社会的智慧服务提供条件；在科技语境下，信息技术是推动图书馆服务智慧化的手段。智慧化服务融合了智能技术、知识进步、社会发展和人才支持发展下图书馆服务手段的拓展创新，但并未改变图书馆为用户服务的基本理念。

具体来说，智慧服务是集知识、科技和人为一体的概念，图书馆的知识服务体现了图书馆本身的学问智慧，而图书馆中智能技术的运用体现了科技智慧，新时代图书馆服务理念的提升则体现了人文智慧。因此，在智慧服务的情境下，图书馆可以灵活地根据用户需求层次，结合人的智慧和物的智能共同推动服务提升。

智慧化服务是当今图书馆发展的趋势之一，是未来图书馆发展的必然趋势，它能使图书馆实现人、机、物的智慧交互。在关于图书馆智慧服务概念的探讨中，大多数研究带着多重视角，肯定了以用户需求为导向的服务本源，并结合科技和人员等方面指出图书馆在服务方式、服务空间、服务内容方面的智慧化提升。

在互联网发展的背景下，图书馆的传统服务已经受到挑战和冲击，智慧服务是图书馆传统服务在智慧化背景和智慧社会的赋能下衍生的新理念。有学者将最初的智慧图书馆服务理念细化为"书书相连、书人相连、人人相连；任何地点、时间、方式可用"。早期的智慧服务研究，一方面根据数字图书馆的技术手段，将计算机辅助服务、文本服务、跨媒体服务等技术移植到图书馆服务中；另一方面强调在图书馆传统服务中关注基于科学决策、产品研发的知识服务以及图书馆作为知识中心向社会提供的开放共享、协同创新服务。随后智慧服务的内容大量指向新兴互联网信息技术载体，如基于泛在计算、语义组织、移动互联技术、大数据系统等。

在近年来的研究中，智慧服务的内涵重心逐渐由技术转向内容。在谈及智慧服务时，强调服务从智能化向智慧化转变，更加重视智慧馆员和图书馆信息资源发挥的作用。近期研究认为用户是空间和资源的共同拥有者，图书馆智慧服务的突破点将是依托技术来处理用户、空间、资源三者的关系，泛在式、情景式服务将是智慧服务的主要特征。这些服务的共同特点是重视用户的即时情境，并根据互联的技术载体提供网状式服务。"用户—资源"的二元视角是智慧服务模式的基础，在实施智慧服务时需充分重视用户对服务创新的驱动作用和资源对用户的启发作用。技术是智慧服务的载体，知识是智慧服务的导向，利用技术驱动以人为本、以资源为基底的服务是智慧服务的完善方向。

图书馆智慧化服务的内涵将服务原则、服务策略、服务模式等一系列服务理论囊括其中，共同构成智慧服务的体系。现有研究对这一问题的探讨采用了多元视角，如用户体验视角、数据驱动视角、泛在网络环境视角、协同理论视角、全媒体出版视角、创新创业教育视角等。但是，相较于图书馆智慧服务的概念，智慧化服务图书馆的内涵还需要进一步挖掘。

作为一种新型的图书馆服务模式，智慧化服务目前尚处于研究阶段。近年来，国内已有部分地区开始探索智慧图书馆建设，如国家科技图书文献中心（NSTL）在上海设立了"上海智能空间"，苏州建成了"苏州智慧城市"和"苏州云公共空间"。为了更好地推动我国图书馆智慧化服务建设进程，有必要对其进行深入研究。

图书馆智慧化服务使图书馆从传统的模式向智慧化的方向发展，不仅实现了对用户需求的智能化识别与分析，而且能够通过技术手段实现对用户需求的智能挖掘，利用先进技术为用户提供个性化智慧化服务。图书馆智慧化服务是一种基于知识挖掘与知识管理思想下的智能化图书馆服务模式。

智慧化服务图书馆是一种智慧化的图书馆，其目的在于让读者在最短的时间内获得更多、更好的信息资源和服务。在智慧图书馆中，读者可以利用图书馆提供的各种服务，比如图书借阅、参考咨询、网上资源检索等，也可以利用数字图书馆系统和信息资源管理系统等实现信息资源的获取与利用，这是传统图书馆无法做到的。在智慧图书馆中，读者可以通过与图书馆馆员之间的互动来实现信息资源的获取与利用。

目前，国内对智慧图书馆的研究还处于初级阶段，并没有形成完整系统的理论体系，一般认为图书馆智慧化服务是指在充分利用大数据、物联网、移动互联网、云计算、空间地理信息技术等先进技术的基础上，实现对用户需求的分析与理解，通过构建智慧化的服务平台和服务模式，实现对用户需求的智能识别、知识挖掘和资源推荐等功能，为用户提供个性化服务和智慧化服务。本书在参考国内学者研究成果的基础上，对智慧图书馆服务的基本内涵进行了界定，为其今后的研究与发展提供了一定参考。

智慧化服务是新时代图书馆服务的发展趋势，也是新的图书馆服务模式，智慧化服务不仅指信息技术与图书馆的结合，更多的是强调图书馆与用户之间的关系。当前，智慧化服务已成为我国图书馆发展的重要趋势，越来越多的人开始关注智慧图书馆、智慧服务。然而，目前我国对于智慧图书馆建设还没有明确的概念，所以在实践中也无法指导和规范实践工作。为了给实践提供参考依据，促进我国智慧图书馆建设和发展，本书提出了以下几点策略：首先，要明确智慧化服务理念和建设目标；其次，要明确智慧化服务主体和内容；再次，要明确智慧化服务流程和机制；最后，要明确智慧化服务效果和评价体系。这些策略主要是从理论层面对我国图书馆智慧化服务进行探讨，为今后的实践工作提供参考，同时也能指导我国图书馆在新时代背景下更好地开展智慧化服务。

二、空间设计理论

空间设计理论，是指运用现代空间设计的方法，对空间的属性、构成、空间布局、空间使用等方面进行分析和研究，并将这些规律应用到建筑设计实践中的一种建筑设计理论。

空间设计理论是在对人的行为心理进行分析研究的基础上，运用一定的建筑空间设计方法和技术，创造出满足人的物质、精神生活需要的一种建筑形式。人们在室内活动中，身体所处的位置决定了室内空间的形状和大小，因此，室内空间具有一定的形状、大小和变化。这些形状和大小是由不同时期、不同地区以及不同民族的人类所创造的物质、技术条件决定的。在建筑设计中，空间设计理论是一个非常重要的组成部分。它为人们提供了室内建筑形态并确定了各种不同功能所需布置形式和方法。

空间是指在一定时间内，由一定的物体和场所组成的具有特定结构形式的独立存在的物质环境。空间具有四个基本属性：

1. 可再生性。室内空间可以根据人们使用需要的变化，进行再塑造，以满足人们不同活动对空间环境的需求。

2. 可变性。室内空间具有可变性，是由室内空间结构形式、大小、材料、造型等因素所决定的。可变性为室内设计提供了丰富的创造空间环境和审美的可能，使室内设计更加丰富多样。

3. 社会性。室内空间是社会文化的产物，并反映一定的社会文化特征，具有鲜明的社会性。

4. 精神性。室内空间是人们精神生活中重要内容之一，它承载着人们对于美好生活的向往和追求，因而具有很高的精神价值。

关于"公共空间"的研究源远流长，在地理学、建筑学和法学等领域都有涉及。国内两位学者陈竹和叶珉以此为切入点，对其进行了系统的整理，归纳为四个部分的关于城市公共空间的研究。以卡伦的市镇风景主义、城市园林等为主要表现形式的"视美学""视美""美学""城市园林"和"建筑园林"等；把公众空间看作是人类主体意识的客体的认识形象的研究，如林奇对城市空间的认识形象理论，从认识到心理等方面进行了分析；以盖尔、怀特、希勒等人从心理学的视角出发，着重关注人们在公众场合下的行动，是其最具代表性的一种理论；以哈贝马斯的"公域"学说为代表的"公域"学说，主要是对"公域"的社会性和政治性的认识。公共图书馆是一个具有一定社会功能的公共场所，它应该被广泛地应用于社会生活中。本书所运用到的空间设计理论包括开放空间形态理论、第三空间理论等等。

开放空间理论指的是从建筑的视角出发，在图书馆中，主要以开放阅读空间为主体，按照不同的用途，设置了图书特藏空间、出纳检索空间、办公空间等。从总体上讲，在开放式阅读空间中，可以从内部建筑物的线型、空间组成等方面创造出不同的样式和形态。在公共图书馆中，它可以根据自身的特点，进行合理的整合和变异，创造出各种各样的空间形式。比如，在包括了一个下沉式的阅读空间的区域，经常用于进行围和式的书架的排布，这样就可以在这个下沉空间中阅读图书；在藏书室天花板比较高的地方，通常采用这种凹凸相结合的形式，增加了藏书室的层次和趣味；在开放式阅读空间和其他功能性空间中，通常采用交错穿插的形式来使边界模糊；在大型的开放式阅读空间中，"母子"的空间形式也是一种比较普遍的空间处理方法，可以在一个开放式的共享空间里，将生命力聚集起来，从而引发更多的讨论和交流。在城市中，人们对城市公共空间的选择主要取决于城市公共空间的营造和城市公共空间的功能。通过对其进行特殊的空间形式的设计，使读者在其中得到更好的指导，为读者营造更为舒适的阅读环境。此外，还可以结合自然条件，对建筑形式、建筑布局等提出一些新的想法。

"第三空间"这一概念的引入，在社会科学史上具有开创性，由雷·欧登博格首创，并把它作为一种地方性理论加以类比，并在近几年得到了图书馆学界的普遍重视。他把家庭作为第一个空间，把工作场所作为第二个空间，把酒吧、茶馆、公园、娱乐中心、图书馆等公共娱乐场所作为第三空间，在第三空间，可以尽情地享受休闲和社交带来的乐趣，而不用受到社会地位的约束。《期望的概念》是由奥地利32位公民合写的著作，其中解释了第三空间是"家外之家"，是人类心灵最深层的归宿。第三空间具有开放性、平等性和社会性的特点。从一维空间到另一维空间，每一维空间的开放度都是逐渐增加的，从理论上讲，这一维空间对任何人都是开放的。在第三空间中，人们不受家庭身份的束缚，不受职场利弊的束缚，可以放下名利，尽情地享受，可以去娱乐，可以去交往，可以去学习，可以去休闲，可以去娱乐。从很久以前，人们就把图书馆看作是一种"第三空间"，在意大利都灵市举行的2009年年度会议上，第一次把这一概念介绍到了图书馆领域，并以"图书馆中的第三空间"作为专题。该建筑的开放性、游憩性和共享性与"三位一体"的设计思想非常吻合，并具有包容性和个人化的特征。在公共图书馆中，无论是专家、教授，还是馆员，都可以公平地享用馆藏的各种资源，并利用图书馆的第三空间的匹配特性，促进大学图书馆中各个阶级的读者之间的互动。

在智慧化的时代背景下，公共空间理论的视觉审美、主观感知、行为心理、社会政治等理论依然适用于公共图书馆空间再造。从这一角度出发，公共图书馆可以充分发挥其作为公共空间的性质，为空间再造提供新的思路。

三、环境行为学理论

环境行为学属于环境心理学的范畴。环境心理学是心理学的一个重要分支，它所关注的是人们的行为活动（经验、行动等）与其产生时所处的环境（物理环境、社会环境及文化环境）之间的相互联系。环境行为学建立在心理学的几个基本原则之上，它是对人们在各种社会背景和环境下的心理和行为规律进行研究和分析，从而增强对环境的可辨识性和对人们自身的依赖性，寻找一种可以让人与环境都相适应的模式。

环境行为学包括了格式塔知觉理论、人际距离理论、私密性和领域性理论等基本理论，它们都是关于人与环境互相渗透、互相影响的研究成果。"格式塔知觉理论"是一种从经验中获得感觉信息的过程，它提倡用"第一感知"来代替"有组织性"的思维方式。人际关系间距是一种探讨人际关系中个体间的关系对人们的心理作用的方法，在建筑中确保合适的人际关系间距，可以显著提升空间效率。私密性与私密性是人类对外界的一种控制力，它涉及人类在外界的安全需求、社会需求与受人尊敬的需求。根据空间行为学的原理，空间环境的好坏可以从人们对空间的认知情况，在空间中的体验，在空间中的行动等方面来反映出来。

公共图书馆的主要使用人群是来往的读者，因此对于读者的行为测量进行深入调研和评析是进行公共图书馆空间效能研究的前提，所以运用环境行为学理论来研究使用者在既定空间中的行为活动特点规律是十分必要的。

第二章

公共图书馆的发展起源及问题

图书馆的功能空间总是会随着社会的发展而动态演变。图书馆在漫长的发展过程中，由封闭的、为少数阶层服务的藏书楼、图书室，发展成当代开放的，为全民服务的公共图书馆。图书馆的功能经历了由单一走向多元，由古代提供藏书功能演变到近代主要提供借阅功能，再到当代数字化社会提供多样化功能的转变。纵观图书馆建筑发展历史，可以分析得出其功能空间演变的特征和规律：从清晰明确到模糊融合的空间限定；从单一静态到多元动态的空间组织；从艺术表达发展为"以人为本"的空间界面设计。

上海图书馆馆长吴建中先生根据图书馆的功能空间演变，将图书馆发展过程划分为三个阶段，一是以收藏功能为核心的古代图书馆，二是以外借功能为核心的近现代图书馆，三是以知识交流功能为核心的当代图书馆。我们今天生活的时代，就是从近现代图书馆向当代图书馆转型的时代。

第一节 公共图书馆的起源

一、西方公共图书馆起源

早在五六千年前，人们就已经掌握了书写能力，并且可以通过书写把自己的经历和认识记录下来。因为记录的数据不断增加，就需要有场所对这些数据进行保存。最早的图书馆，主要用于保存人类所记录的数据和信息。随着时代的变迁，图书馆也随之变化，从早期的国家档案馆到现代的公共图书馆，始终是为了满足人们收藏、整理和利用文献的需要。

公共图书馆的历史可以追溯到公元前 3 400 至公元前 3 000 年，那时产生了楔形文字，随之而来的是泥板文书。现位于伊拉克巴格达南部尼普尔的一个寺庙废墟中保存着大量的泥板文书，可以算是公共图书馆的早期雏形。古埃及最迟是在公元前约 3 000 年发展出书写系统，其铭刻文字也被保存了下来。新王国第 18 王朝末的阿门霍特普四世埃赫那顿（公元前 1379—公元前 1362 年在位）在首都阿玛尔那（位于开罗南部）建造了一所皇家图书馆。据古希腊历史学家狄奥多洛斯编纂的《历史从书》记载，第 19 王朝的拉美西斯二世（公元前 1304—公元前 1237）在首都底比斯的拉美西斯二世灵庙建立了

图 2-1 亚述巴尼拔图书馆的黏土刻本

一所图书馆，入口处有一块刻有"拯救灵魂之处"字样的石碑。公元前 7 世纪，亚述帝国在尼尼微王宫建立了亚述巴尼拔图书馆，也被后人称为第一所真正意义上的"古代图书馆"。在亚述巴尼拔图书馆的藏书中，有超过 1 500 个黏土刻本，包含了哲学、数学、语言学、医学、文学以及占星学等各类著作（图 2-1）。随后，约公元前 500 年，雅典和萨摩斯纷纷开始建造只为少数识字公民服务的公共图书馆。也是在这个时期，亚里士多德创立了一座仅属于他私人的收藏型图书馆。据民间传言，托勒密一世（约公元前 367—前 283 年）为了超过亚里士多德的私人藏书，创立了亚历山大图书馆，馆内藏书达到 40 万卷，该图书馆被人们视为最早的汇聚人类文明成果的大型资料库。

古罗马从其民主主义的理念到其在文化和艺术上的表现，都是对古代希腊的忠诚继承。擅长建造业的古罗马人，在这一时期建造了很多藏书室。到了罗马帝国末期，圣奥古斯丁将图书馆分为希腊馆和罗马馆。在公元 4 世纪的罗马城中，至少有 28 座图书馆，藏书可达 2 万卷。在这个国家，每个城市都有自己的图书馆，甚至还有不少人为了炫耀自己的财富而建立了自己的藏书楼。

中世纪后，蛮族兴起，仅有的文字与经卷被秘藏于修道院中，"一个没有图书馆的修道院就像一座没有军械库的城堡"。其实，话虽如此，但所谓的公共图书馆也只存放了几本书而已。直至大学出现以后，欧洲才开始出现为非宗教人士服务的图书馆，但其藏书量也是相当有限。1257 年，巴黎索邦神学院成立，向所有"贫困的神学大师们"开放了自己的图书馆。 1290 年，巴黎索邦神学院图书馆拥有当时欧洲最多的藏书——超过 1 000 册（图 2-2）。

图 2-2　巴黎索邦神学院图书馆

在西方，早期的大学几乎就是图书馆的同义词。到了14世纪末，欧洲已经有75所大学，每所大学都有自己的图书馆和阅览室。当时的书用的纸是羊皮纸，加上手工书写，因此价值不菲。为了防止珍贵的羊皮书籍被偷盗，这些书都被铁链锁住，收藏于图书馆中。

与古代欧洲的图书馆相比，中国的图书与"图书馆"也有一段辉煌的历史。在中国古代，图书馆并不被称之为"图书馆"，而是"藏书楼"。"藏书楼"官府藏书、书院藏书、宗教藏书、私家藏书四大体系。特别是唐代以后，随着书院的兴起，几乎每所官办学校都有"尊经阁"。中国近代的图书馆则是在受到了西方的影响冲击之后才开始出现的，并自此得到了很大的发展。

二、中国公共图书馆起源

我国文字起源可上溯到夏代，这已经为出土实物和考古发现所证明。到了商代，我国有了记载文字的实物，开创了文献记载的先河。甲骨文是指刻写于龟壳或动物骨骼之上的一种文字，多用于占卜、记事等方面（图2-3）。根据文字的载体不同，先后出现了甲骨的书，青铜的书，石头的、竹（南方）木（北方）简的书，缣帛的书等等。《易·系辞上》记载了"河出图，洛出书"的传说，从某种程度上表明古书是既有画卷又有文字，但是这个时期"图书"二字并没有合在一起用。"图书"二字的合用，出自史书《史记·萧相国世家》，据该篇记载，萧何曾"收秦丞相御史律令图书藏之"。

图书与图书馆是分不开的。我国最早的图书馆便在殷商时代开始萌芽，殷人已经能将甲骨文按"三册""祝册"分类方法加以保存。春秋战国时期，诸子百家，百花齐放，著书很多，均有专门藏书的地方。根据《史记》记载，"姓李氏，名耳，字聃，周守藏室之史也"，说明周朝已有了"藏室"，就是正式的藏书机构，并且专门设立了管理图书的官职。

等到秦始皇统一六国之后，便在咸阳阿房宫设立了宫廷图书馆，聚集了全国所有的书籍，并且设立了御史大夫来专门管理书籍。《汉书》称，"御史大夫，秦官，位上卿……在殿中掌图籍秘书"。但是不久之后就发生了"焚书坑儒"，很多珍贵的典籍被摧毁。到西汉初年间，汉高祖刘邦提出了"广开献书"，注重地方书籍的搜集，这才使得国家藏书逐渐增多起来。刘邦曾命萧何收集秦代遗留的图书，并在此基础上修建了石渠阁、天禄阁、麒麟阁等多处宫廷藏书处，专门收集各种典籍。汉武帝时期，在宫廷内外，都设立了藏书楼，并制定

图 2-3　殷商时代以甲骨文为载体的藏书

了藏书管理的制度。

　　魏晋时期，虽然风雨飘摇，但对书籍的收集和整理却没有停止。秘书郎郑默，曾经校订和整理过皇室收藏的书籍，并编成《中经》（全国馆藏书目），在书籍的分类方面，首创了"四分法"。晋元帝时，大著作郎李充所著的《四部书目》确立了经史子集的四分制，至今已有 1 000 余年的历史。

　　隋唐五代时期，经济和文化都得到了很大的发展，特别是雕版印刷术的出现，使得藏书阁也得到了很大的发展。隋代曾下旨搜罗史籍，炀帝在东都洛阳观文殿内东西厢建造房屋，设立官藏。唐代的经济和文化十分繁荣，使得图书的出版量也大大增加，在此基础上，以弘文馆、崇文馆丰厚的藏书为主体，秘书监魏征等人校订、整理，编纂了记录中国古代书籍发展状况的《隋书·经籍志》。

　　宋、元、明、清时期，随着时间的推移，大量书籍相继问世，诸如《太平御览》《永乐大典》《古今图书集成》等。宋代活字印刷术的广泛应用，对图书馆的发展起到了很大的推动作用，促进了图书馆事业的蓬勃发展。早在五代时期，藏书馆便设立了"史馆""昭文馆""集贤馆"，再加上"秘阁"，共称为"四馆"。在元代，崇文书院是著名的藏书楼，专门设置了书监。明代设有文渊阁、通集库、皇史宬等藏书机构。清代，在翰林院、国子监等部门，均设有收藏文献典籍的馆藏。乾隆皇帝在编撰《四库全书》时，曾下令搜集藏书，数量之多，难以计数。在《四库全书》这个庞大的系列编撰完成之后，乾隆皇帝在北京内外还建立了"七阁"，用来存放《四库全书》，分地保存。

最接近近代公共图书馆雏形的是 1909 年成立的京师图书馆，它开了中国近代公共图书馆的先河。新中国成立后，随着我国经济的迅速发展及广大群众对于精神文化需求的提高，公共图书馆建设也持续地扩张，在功能上持续地改进，在形态上也在不断地创新，充实着公共图书馆的内涵与职能。为推动我国公共图书馆的发展与建设，强化图书馆建设的标准化，我国制定了《公共图书馆建设标准》（建标 108—2008），并于 2008 年 11 月开始实施，这是中国公共图书馆走向国际化的一个重要标志。

回顾"十三五"时期，国家公共文化服务体系示范区创建经历了由全面铺开到圆满收官的历程。到 2020 年年底，全国首批 117 个省级综合试点城市基本建成。公共文化示范区的建设，推动了促进创建城市在公共图书馆高质量发展上走在了前列。这些城市中反映公共图书馆发展的指标，如人均公共图书馆藏书量、人均年新增公共图书馆藏书量、平均每册书年流通次数、人均到馆次数等，都已经在全国范围内处于了比较高的水准，为公共图书馆高质量发展探索了道路，积累了经验。2015 年 5 月，国务院办公厅印发《关于做好政府向社会力量购买公共文化服务工作的意见》，明确要求将购买公共文化服务资金列入各级政府财政预算，逐步加大现有财政资金向社会力量购买公共文化服务的投入力度。在"十三五"期间，县级公共图书馆开始广泛实施总分馆制的综合服务体系建设，是当前我国公共文化事业发展的一个重要方向。截至 2020 年初，我国已经实现了 2 300 多个县级行政区划单位建立县域公共图书馆的"总分"制度。此外，农村公共文化服务体系建设、农村公共图书馆更是有了新的发展。在乡村地区，已经形成了一个由中央到省、市、县、乡、村 6 级的社会服务体系。农村基层公共文化服务工作取得了新进展，为"十四五"规划打下了良好的基础。

第二节 古代公共图书馆的建筑空间发展

古代，人们在对先贤的智慧与遗产进行梳理与整合的同时，逐渐建立起了特定的储存智慧与文化遗产的空间。随着人类社会的不断发展，由主体建筑演变而来的储存空间也逐步扩大，从而产生了第一批"藏书式"的"图书馆"，这也是最早的"图书馆建筑"。同时，在城市建设过程中，图书馆的功能和空间也在不断地发生着变化。最开始的时候，图书馆的建筑功能单一，之后经过了很长时间的演化和发展，才变成了我们现在所熟知的，具有多种功能、多种空间的复合型公共图书馆。藏书建筑是为藏书的保存和利用而建设的。西方公共图书馆的发展与中国大相径庭，但同样对于本书的智慧化公共图书馆的研究有着很大的意义。

一、西方古代公共图书馆建筑空间

1. 远古时期的图书馆建筑

远古时期，在西方最原始的藏书建筑是由古代人类建造的，目的是搜集知识以及保存珍贵资料。根据考古推测，西方第一座藏书楼是在公元前20世纪古巴比伦时期建造的。当时的藏书楼还没有形成一座完整的图书馆，而是和古老的神殿融为一体，藏书楼在神殿中只占一小部分，整体空间形制为矩形院落式，上面设置有防御工事。这一时期的信息文献载体还不是我们现在所看到的纸张载体，而是使用的原始泥制与石板制的文书，它们大多用来记载关于寺庙的历史、神话和颂歌等历史故事。直到约公元前650年，在亚述帝国的首府尼尼微城，巴尼拔的藏书楼里还保存着许多最早时期的石板文书。

2. 古埃及、古希腊时期的图书馆建筑

作为四大文明古国之一的古埃及，在早期古王国时期便开始建立王室图书馆储存资料与文献。在古埃及，由于埃及人的原始宗教信仰与法老制度的控制，

早期的图书馆一般与神庙相结合，用于保存并记录古埃及的历史沿革、神话故事以及定期举办的祭祀活动等。此外，在公元前 3 世纪（希腊化时代）的古埃及，古亚历山大王建造了全球最大的藏书楼——古亚历山大图书馆。

公元前 6 世纪，古希腊迎来了文化、艺术和科学繁荣的时代。在古希腊，人们追求自由与民主以及对人文精神高度关注，促使了现代社会中的公共图书馆的诞生。在此之后，古希腊又有了公立的大学和私立的图书馆。到了古希腊时代的后期，也就是希腊化时期，古埃及王国建造了一座亚历山大教堂，里面收藏了大量的古代希腊和其他各国的典籍文献，是当时世界上最大的博物馆，也是当时的世界文化中心。

另外，根据考古学家的推测，大约在公元前 197 年的帕加马，古埃及人建造了一座位于古代寺庙旁边的帕加马图书馆，帕加马图书馆的内部结构包括阅读空间和藏书空间，两个空间互通无阻，同时，帕加马图书馆与相邻的寺庙之间形成了最初的公众公开场所，供人们的阅读交流和学习研究，这一用于沟通活动的空间是以廊柱为支撑点的灰空间。

3. 古罗马时期的图书馆建筑

古埃及和古希腊时代之后，欧洲的文化艺术发展中心转向了古罗马。古罗马时代，人们建造了大量的公共图书馆建筑，其中最具有代表性的就是图拉真市场图书馆，又名乌尔皮亚图书馆，始建于公元 112 年。该图书馆是一座集剧场、讲座大厅和公众沐浴于一体的综合性公共建筑。在古罗马，公共图书馆的建设正朝着多样化的方向发展。

图 2-4　塞尔苏斯图书馆

此外，在古罗马时期，公共图书馆在空间设计方面也取得了重要的突破。例如于 135 年建成于伊夫特的塞尔苏斯图书馆，它是一座以伊夫特为中心的图书馆，是一座具有创造性的、在空间上有突破性进展的图书馆。塞尔苏斯图书馆是矩形的空间形制，中央是一个阅览室，正面有券柱式控制的主入口，另外三个方向都是小型的藏书室，书库与阅览室中间是一排排的柱子将阅览室与阅览室分隔开（图2-4）。

除此之外，根据有关古罗马的文献记载，考古学者以古罗图书馆的典籍为基础，发掘出一些浴场中心的图书馆建筑遗迹，典型的浴场藏书楼是图拉真浴场藏书楼和喀拉卡拉浴场藏书楼。于公元前109年建成的图拉真浴场藏书楼建筑外貌是拱形形状，北侧的一间基本保存完好，只缺少了屋顶，据说它的正面是公开的，没有墙面，仅仅是用一些格栅封闭来确保图书的安全。这一遗址被认为是图书馆，原因是建筑内部含有大量深度合适可用于存摆图书的壁龛，阅读者需要通过一块离地板有好几阶的石制平台才能走向最低一层书架，而图书馆内部的书籍主要储藏在壁龛中。喀拉卡拉浴场藏书楼相较于图拉真浴场藏书楼在结构方面的成就便更高了。喀拉卡拉浴场东南方与西南方各有一处200余英尺（200英尺约61米）的图书室，两间图书馆之间隔着花园，花园内围的结构为矩形制，主入口面向供藏书楼使用的壁龛空间（图2-5）。

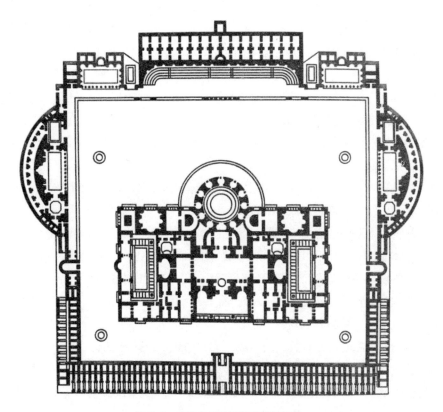

图2-5 喀拉卡拉浴场藏书楼平面图

根据已知文献，古罗马帝国时期的皇帝们通过不断建造公共图书馆来证实皇室的地位，在高峰期仅仅在古罗马城市中心就拥有 28 ~ 29 座公共图书馆，周围其他城市的公共图书馆数量更难统计。正如维特鲁威所说的，每一个小镇，不管是多大的小镇，都应该有一座公共图书馆。

4. 中世纪时期的图书馆建筑

在中世纪时期，最大的藏书并不在欧洲，而存在于阿拉伯国家与东亚地区。同时期，我国劳动人民把造纸术与印刷术融合起来，制作出了与欧洲人同样数量的图书。纸张工艺的进步与印刷工艺的配合，使图书馆的建设规模得以扩大。

中世纪，在东亚的朝鲜，人们建造了世界上至今保存完好的最古老的图书馆建筑——海印寺。海印寺藏书楼是两座长而直的平顶木构庑殿建筑，藏书阁区域有一片密林，密林内部组成了一个封闭院落，院落的另外两端则是一栋栋稍小一些的阁楼，两栋建筑的大门都是关闭的，平时是不允许人出入。在藏书阁内部，设计是以一排排的书架为主体，形成了整个大堂的结构架构，书架是开放式的，架子上的印版均被小心地叠放成两层，这样就可以保证印版之间的空气自由流动，保障了印版的储存安全。

在这一时期，日本的公共图书馆则分为三种基本类型：皇家图书馆、私家图书馆以及寺院藏经阁。这三种公共图书馆的基本结构似乎都一样，在空间规划中总把藏书区和阅读空间区分开来。在日本，公共图书馆建筑中的储藏室一般都设置在建筑后方且没有窗户，这样设计可以将储藏室清晰地与其他建筑区分开，以降低火灾蔓延到周边建筑的危险。古代日本的储藏间的典型构造是以圆木为基础，用横木为基底搭建起来。屋脊有很长的檐口，有利于排水，大门牢固，门闩结实，以防外来者的入侵。

位于日本奈良唐招提寺的藏经阁是日本最早期的佛教典籍存放场所，也是现存日本最早的公共图书馆建筑。藏经楼始建于 800 年，从建成之日起，它的建筑外观几乎没有变化，并且保存完整。这个时期日本的藏经阁最大的特色就是不向公众开放，只能允许一人进入。每座藏经阁门上的门锁上都刻着标记，一旦被人擅闯，就会立刻被发现。

西欧的中古时代，也就是所谓的"黑暗时代"，基督教成为主流，他们抛弃了古代发展辉煌的建筑形制，用封建主义来影响控制人们的思想，摧毁那些古老的珍藏文物，创造出了一种全新的、饱含宗教色彩的建筑形制。这个时期，位于修道院的教堂和藏书楼的走廊里，布置着一排排低矮的书架，书架和书架之间均匀摆放着椅子。中世纪时期的西欧公共图书馆里，大部分的书籍都是用羊皮制成的，由于教会和宗教神职人员的严密管制，许多书籍都被细心地保留了下来。

在西方，现存最早的、保持原初陈设和收藏的公共图书馆之一是位于意大利切塞纳（Cessna）的马拉泰斯达（Maltese）图书馆，它的修建时间为1447—1452年，由一位叫马泰奥·努蒂的建筑师完成。马拉泰斯达图书馆的中央，是一条长长的、连绵不绝的走廊，走廊上方是圆锥体的穹顶，将人的目光吸引到了远处的空白墙壁上，大厅的两旁是一排排的长椅，前面的座椅与后斜方的桌子相连，在每张书桌下方都安排了一层书柜，书柜中的书都固定在专属的位置上并被链子与书桌牢牢地拴在一起，阅读者必须坐在固定的书桌上读书。

15世纪以后，西欧各国在经济、政治、文化、艺术等各方面都有了显著的发展，受到文艺复兴思想运动的推动，这一时期的建筑明显不同于中世纪时期。在文艺复兴时期强调精神和心智的"人本主义"思想的基础上，大学图书馆以保存图书为主，建立了以使用图书为主的图书馆。文艺复兴时期最具代表性的图书馆有建筑师珊索维诺（Sansovino）设计的圣马可图书馆，以及位于佛罗伦萨的洛伦佐（Lorenzo）图书馆。

圣马可图书馆坐落在圣马可广场以及联系着广场与大运河的小广场的角落，一侧被总督府包围，另一侧是图书馆的敞廊（图2-6）。为了防潮，珊索维诺将图书馆设计在二层，将一层作为对外开放的公共活动区。图书馆空间通过雕像雕塑，引导读者走向主阅览室，内部图书阅览空间相对简洁，两侧为书桌。中央走道通往一座露台，在露台上，读者可以远眺钟塔和广场。图书馆内部空间主要通过东侧窗户采光，空间敞亮。而由建筑师米开朗琪罗设计的佛罗伦萨洛伦佐图书馆则更加豪华，它的截面并不是正方形，图书馆的天花板采用了木制的平顶，整体空间像又长又高的方盒子。最初，这座图书馆的两侧墙上都开窗采光，两边的墙完全对称，由壁柱分为15个开间，下层墙壁开一排窗，高层设一排假窗。19世纪，人们在图书馆东侧加了一间阅览室，破坏了米开朗琪罗最初的设计，影响了图书馆的空间采光。这座图书馆的另外一个特殊之处在于它突破了宗教建筑的束缚，采用了世俗的平顶。

图 2-6　圣马可图书馆

文艺复兴后期的巴洛克式图书馆建筑形式是图书馆由封闭式图书馆向开放式公共图书馆转变的过渡时期。巴洛克建筑重视造型的体积光影感，同时强调建筑空间的动态感、透视感。图书馆的书架紧挨墙面布置，阅读大厅宽阔、开放，图书馆建筑在功能与空间布局方面方便实用。

二、中国古代公共图书馆建筑空间

1. 我国图书馆建筑孕育时期

我国古人对于历史典籍和文献资料的搜集和整理，产生了最早的藏书楼。根据考古资料推测，我们认为最早期的藏书楼应该是在公元前 15 世纪，也就是商代诞生。

当时已经有了相对完善的书写系统，书写的内容以甲骨、陶器、金属等为主，当时的皇室图书馆承担着储藏这些甲骨文献的功能，这也是我国最早的图书馆雏形。此时所谓的图书馆，功能单一，空间狭小，只能起到收藏书籍的作用。

2. 我国藏书楼建筑的发展时期

公元 266 年，西晋建国后，随着纸张的制作工艺的革新，以纸张书写的书籍日益数量渐增，藏书楼和馆舍建筑也因此有了雏形。此后，各代封建王朝都曾效仿汉代体制，设立了皇室的藏书楼，并将其命名为"阁楼""馆""院""殿""库""楼"，而保存最久、最古老的藏书或保管档案的藏书楼，则是皇家的文渊阁，以及宁波的天一阁。

在封建社会，中国的图书馆是由皇室藏书阁和民间私人藏书楼两部分组成的，这个时期的公共图书馆还是以收藏为主，但也兼有少量的图书外借。其中，汉代的天禄阁、唐代的崇文馆、宋代的崇文院、明代的天一阁、清代的文渊阁，都很具有代表性。

中国传统的图书馆是"以书为本"，在一定程度上已经不能用"公共"来形容了。这一时期的图书馆是随着人类社会的发展而出现的，它的初始职能是为了收藏和保存人类社会发展过程中所发生变化的各种文献和材料。而之所以将它归类到古代的图书馆，主要原因在于它的作用仍然是以收集文献为主，尽管在这个发展的过程中，有一批为公众服务的公共图书馆已经形成，但是大部分的图书馆仍然以面向上层阶级的文献收藏为主体，因此它的空间相对来说比较单一和封闭。

与外国古代图书馆所经历的错综复杂的社会制度转变相比，我国古代图书馆以收藏各类典籍、文献奏折的官府藏书楼和少量私人藏书阁为主体。中国古代图书馆可分为宫廷馆藏、官府馆藏和民间馆藏，这些馆藏反映了中国古代官方政府、民间组织和私人藏书楼的收藏情况。传统的藏书阁多为封闭而幽静的空间氛围，结构单一，空间密闭的、以收藏书籍为主要目的的、以借阅为辅助目的的图书馆。这样的藏书楼有相对严密的管理体系，且只供皇帝、政府官员、鸿儒学子或藏书楼主人等进入。周围环境大多幽雅独特，是古代文人、政治家著书论道或进行学问研究的私密场所。

第三节　近现代公共图书馆的建筑空间发展

一、西方近现代公共图书馆建筑空间发展

在19世纪40年代世界各国的图书馆建设中，出现了一个巨大的转折点。经过工业革命，现代科技得到了很大的发展，尤其是由于滚筒印刷术的普遍应用，使得各类书籍的印刷速度增快，图书馆的藏书也越来越多，阅读的人也越来越多，这就给内部的业务和服务带来了很大的压力。传统的藏书型图书馆在规划设计中把藏书、阅览、工作室三者结合在一起，但是这种建筑手法已经不适合现代发展的需求。因此，怎样平衡图书典藏、读者阅览、服务管理这三个基础工作环节的关系，也就是怎样处理书库、阅览室及工作用房这三个基础空间位置布局关系，就成了当时进行图书馆设计的设计师必须面对的问题。

1843年，巴黎的圣日内维耶夫图书馆（Ste Geneviève）由亨利·拉布鲁斯特（Henri Labrouste）所设计，这个公共图书馆的设计作品就很好地解决了传统藏书型图书馆的问题。圣日内维耶夫图书馆是一幢二层的矩形建筑，二楼为大型阅读大厅，可容纳600人，两侧摆满了一排排的开架书籍；楼下是基础的藏书区和工作室，为了通往上下阅读室设立了阶梯。圣日内维耶夫图书馆这种将图书阅读与收藏分离的新式排版，摆脱了旧有的"三合一"的布局模式。

法国国立图书馆的翻修同样由亨利·拉布鲁斯特负责，于1854年完成。鉴于图书馆的体量巨大，以及日益增多的图书，显然在图书馆设计中有必要把阅读与收藏分隔开来，这样才能避免相互制约。因此，图书馆首次采用了多层形式，并设有独立的阅读大厅。亨利·拉布鲁斯特在设计中将阅览厅与书库完全隔离开来，将两个借书处连接在一起，将目录室、专用书籍收藏室、工作室布置在周围，最后将办公室单独放于后院，并与书库、阅览室相连。这种将阅读与收藏分离的做法，在图书馆建设中是一次具有里程碑意义的变革。从那时起，在超过一百年的时间里，世界各地的公共图书馆设计都是按照这个方法进行的。时至今日，也有很多图书馆基本上都还在沿用着这样的设计。这种设计

在我国也一直被沿用。

美国最大的公立图书馆是在 19 世纪下半叶建成的，当时美国的图书馆仍受西欧"中心圆厅"的布局启发，阅读与收藏都集中在一个很高大的空间中。美国举世闻名的国会图书馆就是其中一个很好的案例。图书馆从 1888 年开始动工，到 1897 年竣工，历时 10 多年，占地 10 公顷，平面呈"田"字形，是 30 000 多平方米的建筑群。从地下室到顶楼，一共有五个楼层。馆内的书籍总数达 500 万册，是当时世界上图书量最大的图书馆。图书馆的中央部分是一座巨大的八边形穹顶阅读厅，它的大厅直径 30.5 米，高 50 米，有八扇巨大的圆形拱窗用来采光。服务台在阅读厅中心，阅读桌椅与书目柜呈圆弧排列，可供 250 人就坐。室内沿墙设有壁龛，安置两个书柜，可存放 12 万本参考书籍。

19 世纪的西方图书馆建筑，尽管在内容上出现了新的变化、新的要求、新的构造和新的材质，但是在艺术方面并没有很好地完成时代所赋予的使命，只是依托于旧的形式，搬弄历史遗产，采用折中主义手法，没有创造出具有自己时代特征的完美的艺术风格来。

第一次世界大战期间，欧洲各资本主义国家兴起了一场"新建筑学"的新浪潮。它的主旨是要打破传统的形态束缚，摒弃折中主义，主张发展一种适应新的变化与要求以满足新的需求和变化。所以，高大奢华的空间和繁复的装饰都被去掉了，沉重的墙壁变成了轻巧的结构，它的外观也从雄伟壮观变成了开阔朴实，这就充分体现出了公共图书馆内部空间的结构及使用的特征。例如 1931 年在伯尔尼落成的瑞士国立图书馆可以说是这一领域的典型代表。

它的特色在于以读者为主要出入场所的书刊大厅、收银台、阅览室等以玻璃为间隔，层次分明，顶部有玻璃棚内照明装置；它的外部表现出了钢筋混凝土结构的特征，同时也表现出了室内不同用途的空间性格，这在当时是很有创意的。

1933 年建造的芬兰维堡公共图书馆是新建筑运动中又一个成功的杰作。芬兰维堡公共图书馆是由伟大的建筑大师阿尔瓦·阿尔托（At-var Alto）所设计。这座大楼由两个主要的区域组成，一是作为一个藏书室，二是作为一个公共的、有演讲大厅、展览大厅等的社会文化活动场所。建筑的外观也反映了内部使用不同的两方面内容，内部的布局也非常赏心悦目。房间面积虽然不算很大，但是给人的感觉却很空旷，家具和建筑也和谐统一，从颜色到装饰，都力求营造出一种安静、开阔的氛围。内部各层地面高低错落，室内空间富于变化，有着崭新的建筑艺术效果。

从 19 世纪中叶直到第二次世界大战前夕，西方国家的图书馆建设取得了长足的进步，不但在规模和空间方面超越了传统的公共图书馆，更重要的是在空间布局上不断改进，其中某些经验至今仍有参考价值。在这些图书馆中，特别值得一提的是美国巴尔的摩于 1933 年落成的伊诺克·普拉特（Equinox Pratt）图书馆对现代图书馆发展产生了巨大影响，并被认为预示着"模数式"图书馆的到来。

近些年，"智慧化"的发展潮流再次在国外公共图书馆中兴起。在现代科技和智能技术的融合中，智慧技术得到了充分的发展。在智慧化公共图书馆中运用多元信息传输、监控、管理以及一体化集成等高新技术，运用系统集成的方式，把智能型计算机技术、通信技术、控制技术、多媒体技术与现代建筑艺术进行了有机地融合，通过对设备进行自动监控，对信息资源进行高效管理，对用户进行信息服务，并对其与建筑环境进行了最优组合，使得整个建筑物的设施配备既安全舒适又方便灵活，可以满足信息社会发展的需求。

二、我国近现代公共图书馆建筑空间发展

1840 年鸦片战争以后，封建式的藏书楼已不能适应近代社会的需要，逐渐衰落。当时维新派在各地设立的学堂、报社、译书局等，大都附有藏书室建筑。资产阶级民主派也创办了一些图书馆、阅览室，所有这些都与封建藏书楼有所不同。其中，1898 年由浙江文澜阁改组成的浙江省图书馆则是我国最早的公共图书馆之一。

20 世纪初，随着帝国主义的文化入侵，一些洋学堂和教会学校相继建立，随之而来的是一批欧美学院式图书馆相继出现。所有这些图书馆都深受西方国家大学图书馆的影响，已经与传统的藏书楼大不相同。我国近现代规模最大的公共图书馆——国立北平图书馆（现称中国国家图书馆古籍馆），建于 1931 年，当时的建筑面积是 8 000 平方米。全幢建筑模仿木结构形式，实际上是采用钢筋混凝土柱子、梁、椽子屋面板现浇而成的宫殿式大屋顶，其上铺有绿色琉璃瓦。前部连地下室共为三层，供读者阅览使用。二楼设有借书处，后部为书库，这种设计是当年在国外盛行的一种典型的图书馆建筑布局方法，最后一排书库是 1954 年扩建而成的。我国以后所建的公共图书馆和大专院校图书馆，在平面布局上绝大多数都属于这一类型。民国时期，随着西方思想文化的引入，在我国建设了一大批的公共图书馆建筑。这一时期

的图书馆在建筑外观方面主要吸收了欧洲复古主义时期的图书馆外观。

新中国成立后，我国图书馆事业发生了巨大变化，国家有步骤、有计划地建设了各种类型的图书馆。1949 年我国各种类型的图书馆仅有 392 座，到 1995 年，县级以上城市图书馆已由 55 座发展到 2 579 座，增长了 45.9 倍；高校图书馆已由 132 座达到 1 080 座，增长 7.1 倍，馆舍面积已超 440 万平方米，总藏书量超过 4 亿册。

20 世纪 50 年代初，大多数图书馆属于改扩建，仅高等院校新建了几所较大型的图书馆。当时的图书馆基本沿袭着闭架管理方式。建筑布局主要特征是保持书库为一个独立单元，借、阅、管空间围绕其周围。

1958—1965 年，图书馆事业有较大的发展，公共图书馆发展到 573 所，高等院校图书馆也发展到 434 所。规模较大的有黑龙江省图书馆（1.1 万平方米）、西安交通大学图书馆（1.1 万平方米）。这个时期，闭架管理方式的图书馆已逐步完善，多沿用"工"字形布局及其演变的"丁""山""日""出"字形等传统平面布局。据统计在 20 世纪 60 年代约有 70% 属于这种格局。其设计指导思想是以藏书为中心，各项流线不能交叉，较好地满足闭架阅览及管理的要求，结构系统也很简单。这种建筑格局的图书馆形制，后来被称为中国大陆传统式图书馆。

1968—1976 年，由于政治原因，图书馆建设遭到严重破坏，新建馆很少，规模也比较小。唯一较大型的是 1974 年的北京大学图书馆，面积为 2.4 万平方米，它可以作为这一时期传统布局的图书馆建筑代表。

1977 年以后，我国图书事业也出现了蓬勃发展的新气象，大批新图书馆建成。其中有代表性的包括四川省图书馆（1.33 万平方米）、湖南省图书馆（2.9 万平方米）、上海交大包兆龙图书馆（2.6 万平方米）等。这个时期图书馆建筑的重要突破是引入了国外二战后发展起来的模数式图书馆设计方法，并将其与中国实际相结合，强调最大限度地缩短读者与知识载体的距离，尽量简化借阅手续，出现了开架阅览管理体系和融合藏、借、阅、管功能于一体的建筑单元。这种变化要求图书馆建筑统一柱网、统一荷载，以至统一层高，使得馆舍建筑更有适应性和灵活性。加之 20 世纪 80 年代大量引进了计算机、缩微和视听等先进技术，使得在此时期出现了一批突破传统形式、十分注意内外环境的设计，创造了新颖、大方、有文化并能给读者提供良好阅览条件和环境的新型图书馆。

进入 20 世纪 90 年代，由于吸收了国外模数式设计的优点，国内出现了一批优秀的图书馆建筑。其中，具有代表性的包括 1990 年建成的北京农业大学图书馆、1991 年建成的清华大学图书馆和 1996 年建成的上海图书馆。这些图书馆的建筑设计、技术水平以及造型艺术上，都可称为中国现代图书馆建筑的典型，积累了许多可为后人借鉴和吸取的经验。它们的出现，标志着中国图书馆建筑已跻身于国际先进行列。

到现当代时期，随着我国社会经济和科技的发展，国内建起了一大批的公共建筑，图书馆便是其中比较重要的一种类型。这些图书馆建筑在形式方面会将我国某些传统的建筑形式与西方盛行的现代主义风格结合，而在空间方面则主要吸收了西方典型的藏阅分区式空间模式，形成了典型的"T"字形、"工"字形以及"田"字形等平面形制。而进入当代之后，我国公共图书馆建筑迎来大规模的建设与发展，吸收西方图书馆建筑宝贵经验，建成了许多享誉国际的公共图书馆建筑。

进入 21 世纪以后，图书馆的功能空间设计更加以方便读者为目的。而所谓的第三代图书馆，就是当代公共图书馆，正处在一个数字化和信息化的发展时期。在科技的推动下，信息载体的类型变得更加丰富，如视听资料、缩微资料、电子及数字资料等，这些都成为在公共图书馆中常见的非印刷信息载体，使得图书馆的功能属性得到进一步扩展。首先，当代公共图书馆建筑开始提供除了视觉阅览功能空间之外其他感知的功能空间来阅读电子资料。因此，在现代的图书馆中，更多地采用了电子阅览室来满足人们对数字阅读的需要。其次，在如今的信息化时代，手机、平板、电脑等移动电子阅读器的广泛应用，让更多的读者能够在任意的位置获取自己所需要的知识信息，这就导致了公共图书馆的借阅功能的重要性逐渐降低。

当代图书馆正面临着功能空间的转型，也有人提出图书馆在信息化时代将要消亡。毋庸置疑，时代的发展确实对公共图书馆的传统功能空间造成极大的挑战。当代图书馆索要做的是应对挑战，根据读者的多元化需求，针对当代公共图书馆功能方面的不足，探索能够满足当代需求的公共图书馆的功能发展路径。相对于第一、二代图书馆的静态化功能服务，当代公共图书馆的功能服务更加灵活地适应读者个性化的需求和知识的动态发展。针对当代科学技术的发展和读者需求的变化，当代图书馆也正在衍生出许多新的功能服务。

线下实体图书馆与功能性服务相融合，以达到多元的用户需求。为了应对由于移动数字阅读器而造成的图书馆纸质文献借阅量的减少，现代图书馆对馆内各个功能分区的面积比例进行了灵活的调整，为读者提供了更多的交流活动空间，从而让他们再次回归公共图书馆，体验到交流学习活动带来的快乐。吴建中先生也提到，当今信息化时代导致人与人之间的交流学习变得越来越少，公共图书馆有责任改变这种局面。

综上所述，中西图书馆建筑发展都经历了"古代藏书楼——近代藏阅分隔的图书馆建筑——藏借阅一体的模数式图书馆建筑"三个阶段，在功能上经历了由单一走向多元，经历了由古代提供藏书功能，演变到近代主要提供借阅功能，再到当代数字化社会提供多样化功能。西方图书馆建筑发展在时间上可划分为三个阶段：第一代图书馆建筑（文艺复兴前）、第二代图书馆建筑（文艺复兴开始至二战）和现代的模数式图书馆建筑（二战以后）。在第二和第三个阶段，中国图书馆建筑开始受到西方图书馆建筑的影响，可以说这是一段西学东渐的历史，直到今天仍能看到这种影响。

为人们提供庇护和休憩场所，抵御寒暑及外界袭击仅仅是建筑的基本功能。除此以外，建筑还应该担负起丰富人民的精神生活，提升大众的思想文化水平的责任。而拥有公共服务功能的图书馆建筑，便是现代社会发展过程中满足人们精神需求的产物。公共图书馆是一座人们的精神文化的宫殿，它不仅应该向人们提供静止的文献资料和保存的功能，还应该担负着诸如知识信息的传播和教育等一系列的动态作用，而在现代社会中，它还应该担负着文化交流活动的作用。公共图书馆在发展过程中，它的功能属性随着其服务对象和社会制度的差异而发生着动态的变化。作为城市公共图书馆，其自身的功能定位与社会的发展和市民生活方式的变化息息相关。从古至今，公共图书馆的功能定位一直处于动态发展的过程中。在古代，公共图书馆更多地承担着藏书的职能；到了近代，公共图书馆更多地担负着书籍资料的藏借阅功能。当前，随着信息化时代的到来，公共图书馆的功能定位也有了更高、更多元化的要求。新时代的城市公共图书馆必须在本着"以人为本"的服务模式的前提下，密切关注人民群众多样化的精神文化需求，不断地更新和开发与之匹配的新职能。

第四节　公共图书馆建筑空间传统功能演变的因素

一、社会政治因素

古代西方图书馆起源较早，西方早期图书馆由于受皇家控制和使用，主要承担收藏文献的职能。古典时期，图书馆会跟别的公共建筑结合，承担附属建筑的功能，多数开始对公众开放，属于真正意义上的公共图书馆。当然，不可否认的是，古典时期公共图书馆的出现，与其承载的服务大众的功能，都与当时的社会制度有着密切联系。古典时期在希腊和罗马的社会制度是奴隶主自由民主制度，倡导"人本主义"精神；而与之相反的，当西方世界进入黑暗的中世纪之后，基督教控制着社会，禁锢了人们的思想，这时出现的为数不多的图书馆更多地承担着收藏的职能，为教廷服务。进入文艺复兴时代之后，公共图书馆再次出现，但是文艺复兴早期图书馆在空间方面还是受教堂空间形式影响，采用拱顶结构，后期慢慢转变为平顶结构，是对中世纪旧思想、旧社会制度的突破。

中国古代封建社会，汉代就已经有了藏书楼这类储藏书本文献的建筑，但是这类建筑更多的是为皇室以及地方政府所有，不属于公共建筑。到近现代之后，公共图书馆在规模和数量上都不断增长，功能分区更加明确，空间多样，藏借阅一体。这个时期公共图书馆的发展，一方面离不开技术的进步，另一方面也跟资本主义社会制度下城市的发展有着密切的关联。清末民国初期，浙江绍兴古越藏书楼的建成使用，拉开了我国近现代公共图书馆建筑的序幕。当然，我国公共图书馆的出现与发展也是从学习西方开始。当代，公共图书馆的社会责任任重而道远，主要责任体现在服务大众，弘扬民族文化以及地域特色，引导全民阅读，同时体现人人平等的社会主义制度。

二、社会文化因素

公共图书馆作为传播文化的载体，在建设民族文化自信，弘扬传统文化的大背景下，必将体现其自身应该承担的社会责任。这也对公共图书馆功能演变与设计产生了一定的影响。公共图书馆不再单纯地提供藏借阅服务，更多地成为地区、城市的文化中心。所以，在当代的公共图书馆中出现了文化艺术展览区、民俗文化展示区等等拓展功能。此外，地方公共图书馆也都设置了宣传地域文化的专题阅览室。同时，我们也发现，在倡导全民阅读的大背景下，图书馆出现更加多样的功能，空间也变得更加自由、开放。

当前，公共图书馆已经遍布世界各个角落，成为衡量城市、地区文明程度的重要标志。在我国，公共图书馆的诞生只有一百年的时间，但是已经成为城市中不可或缺的文化机构。随着国家对文化建设的不断投入，在不久的将来，公共图书馆在传承地域和民族文化方面将发挥更加重要的作用。同时，各地区也会大力支持公共图书馆的建设来丰富居民的精神文化生活。所以，我们看到相对过去的第一、二代图书馆单调地提供藏书、借阅功能空间，当代城市公共图书馆功能空间变得更加多元复杂，也在不断地通过举办各种文化交流以及文化休闲娱乐活动来吸引读者到馆，提供更加多元的文化交流活动场所。网络化、数字化的发展，数字阅读的驱动，也引发了公共图书馆建筑的功能转型与变革。当代公共图书馆如果仅仅提供单一的借阅功能，是远远不够的。作为文化场所，公共图书馆必须拓展其功能空间，充分体现其在城市第三空间的设计中所扮演的职能角色，践行公共图书馆在城市文化建设中的模范作用。针对这个问题，国外很多公共图书馆已经增设了读者文化活动功能空间。同时，很多公共图书馆也开始加强与其他文化机构的合作，构建文化共同体，共同承担起城市文化中心的职能。

三、技术驱动因素

我们还需要深刻认识到，在公共图书馆建筑的功能变革中，除了人文因素的推动，还有技术变革的影响。在图书馆功能演变与发展的众多影响因素中，技术是一个重要的影响因素。

首先，在技术因素当中，建筑结构的发展变革在推动公共图书馆功能空间变革中一直发挥重要作用。在西方古代建筑发展过程中，从古希腊的石梁柱结构到古罗马的拱券结构，再到文艺复兴时期的拱顶结构，图书馆的功能空间随着结构技术的进步越来越灵活开放。进入近现代时期，法国建筑师采用了新型钢拱顶玻璃顶棚建筑结构，在提升空间灵活性的同时，加强了图书馆室内空间的采光效果。

但是近代早期的公共图书馆主要还是采用比较传统的砖混结构，藏阅一体化空间，受承重墙的限制，图书馆空间不够灵活，功能相对比较混杂，空间采光效果也比较差。混合结构承担了图书馆早期以藏书为核心的闭架式功能服务。现代主义建筑席卷全球之后，极大地影响了公共图书馆的结构选型，很多公共图书馆采用了更加灵活自由的框架结构来满足其开架阅读的功能。公共图书馆也在此结构基础上经历了从藏阅分区式空间模式到当代藏阅一体式功能空间模式的转变。此外，当代随着越来越多新型建筑结构在公共图书馆中的使用，图书馆的空间变得更加自由、灵活、多样，同时也更能适应读者对空间的个性化需求。

其次，技术发展对图书馆信息载体的变革、信息存储空间以及信息的传递方式的变革有着深远的影响。对我国而言，信息载体的变革经历了实物时期（以实物为信息载体）、纸张时期和电子化、数字化时期。实物信息载体特征为体积较大，重量较重，信息需要靠手刻完成，因此效率低下，难以得到大规模的推广。同一座图书馆仅仅能储存少量的实物信息知识资源载体，极大地限制了图书馆建筑功能与空间的发展。

随着数字资源的日益丰富和网络的普及，随着数字图书馆建设的推进，图书馆的功能重心从以藏为主过渡到以用为主。日新月异的各种新技术为图书馆功能服务提供了强大的技术支撑，新的技术也使得图书馆的各类功能服务更加丰富多彩，从而加强了图书馆与读者之间的练习，使得公共图书馆的功能更具实用性与便捷性。

综上所述，技术因素的影响一直贯穿图书馆的发展过程。可以说，图书馆的发展史就是一部技术发展应用的历史。一方面，新技术的使用带来图书馆功能空间的极大优化，改变了读者的学习习惯，丰富了读者获取信息的方式。新技术的使用也使公共图书馆的功能空间日新月异，使得公共图书馆的功能更加泛在化、个性化，读者可以跨越时空限制通过网络获取图书馆的信息资源，有效地满足了读者多元化、个性化阅读需求。但是另一方面需要引起注意的是，技术的推广使用具有两面性。技术的应用，特别是互联网的发展使得公共图书馆的读者流量呈现下降趋势，公共图书馆的功能也面临着极大的挑战。公共图书馆需要在引进新技术的同时，思考如何通过其功能与空间的变革来将读者重新带回到阅读场所中。

四、读者行为因素

随着互联网技术的发展、网络技术的普及，人类的信息传播、获取和利用行为发生了很大的改变。读者作为图书馆的服务对象，是图书馆价值的践行者，图书馆不能忽略新技术给图书馆读者行为带来的变化，更不能忽略读者行为对图书馆功能变革产生的影响。

第一，读者的覆盖范围大大拓展。网络技术发展以前，图书馆的读者仅仅局限于图书馆区域附近、到馆方便的读者。而网络技术的发展和普及与数字图书馆的发展，大大超越了图书馆仅为到馆读者提供资源和服务的局限，有效地拓展了图书馆读者的范围。使得所有读者可以不受时间和空间的限制，自由地利用图书馆的资源和服务。技术的进步、交通方式的进步也使得读者与图书馆的距离越来越近。

第二，读者与图书馆的关系发生了很大的变化。读者不再仅仅是信息的使用者，同时也是信息的生产者。图书馆读者不仅可以使用图书馆的资源和服务，还可以为图书馆创建资源，如北京大学图书馆建设的特藏资源"北大博文"就是利用众多的北京大学学者创建的博文资源搜集整理加工而来。读者参与的资源整理带来了图书馆功能的双向互动式转变。

第五节　公共图书馆建筑空间传统功能存在的问题

一、功能服务半径过大

当前，国内各大城市公共图书馆新馆建设的竞争日趋激烈，在建筑设计中过度地注重形态记忆，在塑造都市形象的过程中过度地追求庞大的尺度，造成了新馆的服务范围太广，缺乏了方便性，因此读者到馆的距离过于遥远，这造成了读者数量大大下降。许多规模宏大的公共图书馆未能得到有效使用而被闲置遗弃，造成巨大的经济损失。公共图书馆是一座城市的文化中枢，它的形象和历史意义是毋庸置疑的，但也不能忽视它最基本的功能和用途。因此，在公共图书馆建设过程中，要注重对公共图书馆的各种功能和空间进行合理的规划，从而为市民营造一个方便舒适的文化环境。与东京、首尔和巴黎等国际新都市相比，我国的公共图书馆空间布局密度偏小，而公共图书馆的服务半径过大，导致大部分读者到馆距离过于遥远，其功能和服务的便利性也大大欠缺，这也是当前我国在建设图书馆中所遇到的最严重的问题之一，对今后公共图书馆数量建设及密度分布以及建筑选址等方面提出新的要求。

我国城市公共图书馆建设应该借鉴国外的成功经验，规避公共图书馆选址的不便及规模过大造成的功能空间浪费，应该重视城市中公共图书馆的密度分布，考虑其服务半径的有限性，缩短读者到馆距离。我国的城市公共图书馆建设应该往小型化、社区化方向发展，优先考虑在15分钟内无法到达图书馆的区域增加公共图书馆，其规模不宜过大，但是一定要重视场所空间的人性化营造，切实为读者提供最直接的帮助，考虑到使用的便捷性，也可在地铁站附近设置公共图书馆的分馆。

二、空间面积比例不合理

与国外图书馆相比，我国城市公共图书馆各功能空间面积构成比例相对不合理。大多数公共图书馆的藏书量都比较大，而阅览和研究用的地方却很少。同时，多媒体空间、数字阅读空间、休闲娱乐空间、读者活动空间等新的功能空间相对欠缺，造成公共图书馆功能空间相对来说过于单一的问题，难以适应时代需求为读者提供个性化功能服务。根据 2019 年纽约市公共图书馆的相关数据统计，从 2011 年到 2018 年，纽约市公共图书馆书籍外借量下降了近20%，到馆人数自 2009 年到 2018 年下降了近 15%。与之相对应的是参与图书馆读者活动的人数从 2007 年到 2018 年翻了一倍，到馆读者中，利用电子阅读室的人数增长了 150%，上升幅度明显。在我国的公立图书馆中，这一发展态势尚不明显，但是，我国各大城市的公共图书馆都会出现这样的转变，因此，作为专业的研究者和建筑师，也要顺应未来的发展潮流而做出积极的反应。

为了适应科技的发展变革以及读者行为变化，在公共图书馆的建筑设计中，最重要的是要进行各种不同的空间配置。现代城市的公共图书馆要根据不同读者的个性化需求，迅速地对各个空间的大小进行调节，在为读者创造舒服的读书环境的同时，也要增加更多的读者活动空间和娱乐休闲场所，公共图书馆需要向多元化的空间功能方向发展。公共图书馆要对图书资源的藏书面积的比例进行适当的分配，提高读者的交往、学习和娱乐空间的比重，提高个性化阅览区和研究室的比重，并根据不同的要求，对不同的设施用地进行适当地配置以适应数字图书馆的功能设计需求。

进入数字化阅读时代后，公众图书馆的读者数量不断减少，读者对纸质书籍的需求也越来越小。相反，随着更多的数字资源的加入，图书馆的藏书量也会相应地减少，读者交流空间、数字阅读空间和休闲娱乐空间的比例也会相应地提高。为了满足读者不同的使用需求，公共图书馆需要增设更多开放性读者使用空间，不断调整馆舍各功能空间面积比例。

三、场所人文关怀不足

实际上在美国，每个社区都有一个公共的图书馆体系，即使是人口稀少的边远地区也是如此。美国公立图书馆实行全免费制功能服务，图书馆的运作经费全部靠政府拨款支持。美国的许多大城市几乎都是相距 1 ～ 2 千米就有一所公立的图书馆。除美国以外，其他国家的许多城市都有完善的公共图书馆制度，市民在市内任意一处借阅的书籍，都可以就近归还，同时许多公立图书馆则与地铁部门有联系，让市民在搭乘地铁的过程中，也能归还书籍。在日本，每个县市都设有专供盲人使用的图书室，并且日本政府要求市民步行 20 分钟就能找到一个公共图书馆。这样的人性化设计极大地提高了读者使用公共图书馆的便捷性。

目前，国内公共图书馆对地方文化的关注还比较少。与世界各国的公共图书馆比较，无论是规模、分布密度，还是服务半径，都有着很大的差异。此外，由于目前的公共图书馆服务意识落后，仍沿用"书本位"的服务理念，忽略了"以人为本"的服务思想，致使其在功能设计上没有形成自身特色，更没有为残疾、视障、儿童和高龄人士等特殊群体提供专门的功能性服务，部分公共图书馆尚没有健全的无障碍服务，地方人文关怀缺失。另外，由于对科学技术的盲目使用，使得图书馆缺乏人文关怀。很多公共图书馆盲目追求新科技，却忽略了对读者的人性化关怀，只是单纯地提供机械的功能性服务，忽略了使用者的真实需求，给社会带来了很大的经济损失。新技术应用是公共图书馆功能演化的一个重要方面。在有科学技术需要的情况下，在发展的过程中要体现出人性化，在处处体现人文关怀的同时，利用科学技术来更好地为读者服务。

面对当前我国公共图书馆建设的诸多问题，既要注重"真"，又要注重"善"和"美"的探索。这不仅是对人文主义思想的延续，也是对科学主义思想的拓展，也是今后图书馆复兴和发展的一种新趋向。人文关怀是图书馆功能服务的灵魂，在图书馆未来的发展过程中，除了要具备更好的信息整合与传递的能力之外，更要提升自身的内涵，从社会学的角度来认识将图书馆作为一个文化的中心，更好地体现出对整个社会的人文关怀。

四、空间开放性不足

在中世纪的西欧，因为书籍的珍贵，统治者用锁链把图书锁住，把它们作为昂贵的艺术品保管，以免遗失。然而直到今天，国内各大城市的公立图书馆仍对高价图书与普通图书进行区分，高价图书往往有限开放，这和中世纪人们将书锁起来相似。

根据日本图书馆联合会早期的相关研究来看，公共图书馆的图书损失率与其开放度成正比。从表面来看，公共图书馆开放的程度越小，其损失率越小。图书丢失，必然会给图书馆的正常工作带来困难，同时也给图书馆带来一定的经济损失。然而，从另一个角度看，由于"书本位"思想理念的影响，会有更多的书籍文献被当作文物保护起来而不能被更多的读者吸收，这对图书馆来说应该是更大的损失。因此，在"以人为本"理念的影响下，建立开放的阅读环境，是公共图书馆的重要组成部分。

目前，我国城市公共图书馆存在着内部空间开放性不足、缺乏与城市的交流、缺乏室外空间营造等问题。由于公共图书馆被密不透风的墙体分隔开，内外空间之间的相互影响少，没有建立起一种温和的转换，使得图书馆空间整体缺乏开放性和活力，无法与读者产生亲近感。此外，一些市级公共图书馆的设计类似于早期教育大楼，读者进入图书馆后仿佛置身于牢笼之中，整体空间氛围压抑。实际上，城市公共图书馆的功能和空间设计，必须综合考虑空间维度和人的空间行为、环境心理等因素，以一种的开放的空间态度，为读者提供充满生机和亲切的阅读和休闲机会。只有这样，公共图书馆才能适应时代的要求，满足人们的需求，让更多的人到馆去进行交流和学习，从而提升公共图书馆在城市文化中心的功能利用率。与此同时，《中华人民共和国公共图书馆法》于 2017 年 11 月 4 日正式颁布，为我国公共图书馆的发展开辟了新的前景。

五、空间多样性不足

当前，国内绝大多数的公共图书馆仍以藏阅为核心功能，在空间的设计上大多以书本为中心，缺少对阅读空间的个性化需求，同时，由于其功能和服务的单一，空间多样性不足，使得读者在阅读上的差异化区别较大。经过调查与案例对比分析发现，当前多数城市的公共图书馆仍采用 20 世纪末"柱网统一、层高统一、荷载统一"的"模数化"的建筑布局，但因公共图书经营需要，造成了建筑内部空间的封闭性与单一性。目前我国多数公共图书馆仍采取藏阅分开的功能空间划分方式，在很大程度上制约了公共图书馆内部空间的灵活性，从而导致了公共图书馆空间资源的浪费。

此外，目前大多数的公共图书馆并未为弱势人群提供特殊的功能空间，如老年人阅读室、个性化儿童阅读室等，也未提供诸如咖啡厅、茶室等休闲场所，不能像其他国家的公共图书馆一样，更未按照信息时代的发展要求快速地对其进行功能空间的调整，为公众提供适宜的视听空间与阅读空间，而在国外的公共图书馆中，"创客空间""心理空间""生活空间""城市办公空间"等公共空间并没有在图书馆空间建设中得到充分利用。

随着信息技术的发展，人们可以随时随地获得公共图书馆各种类型的文献资料，而图书馆的馆藏与阅览职能也将由原来的中心职能转向了附属职能。现代图书馆应以知识为中心，坚持"以人为本"，重视功能空间的交流属性。

随着科学技术的发展，前往公共图书馆借阅书籍的读者数量会有所减少，相反，随着新型阅读设备的出现，参与读者交流和学习活动的读者数量也会越来越多，因此，公共图书馆应当做出应对，给读者们更多的分享、交流、休闲活动等多元化空间，以满足不断变化的读者行为需求。

智慧化背景下公共图书馆空间优化研究

第三章

图书馆智慧服务体系的构建

智慧图书馆集智能技术、智慧馆员和业务管理为一体，图书馆开展智慧服务则是智慧图书馆这一系统的核心组成部分，它贯穿了智慧图书馆的构建与运作过程。在创新环境的驱动下，图书馆提供智慧服务无疑是对信息技术、人力资源、文化价值的多重整合，也是图书馆在重塑自身形象、驱动创新发展过程中的着重体现。这一服务方式目前仍处于概念提出阶段，在理论体系建构、具体落实层面较为缺失。本章节旨在通过理论提取现代图书馆智慧服务的学术与实践的核心要素，构建核心理论框架，在应用上为加快图书馆传统服务向创新驱动发展转变、完善智慧图书馆的顶层设计和实体建设，以及为智慧服务的具体实施和改进提供参考。

第一节　公共图书馆构建智慧服务体系的必要性

一、新时期对公共文化服务的要求

"十四五"时期，我们要建立一个智能社会，更好地满足人们不断增长的对美好生活的需求。伴随着智慧化思想的不断深化，人们的生活已经从自动化走向了智慧化，智慧交通、智慧医疗、智慧社区、智慧养老、智慧课堂等都在人们的身边进行了大量的运用和实践，智慧化已经是当代人类文明发展的一个新趋势。在新时期，公共图书馆是社会公共服务体系中不可或缺的一部分，它应该对新时代公共文化服务的新要求和新特征有一个准确的把握，将智慧化服务建设当作目前发展的首要工作，并将其贯彻落实到工作中去，不断地加深对智慧化发展的理解，提高其智慧化发展的层次，从而切实地推动公共图书馆智慧服务体系的建设与发展。

二、新技术环境下的新挑战

新时代，我们国家以"科技强国"为战略目的。伴随着现代信息技术的飞速发展，特别是新技术的运用和发展，我们进入了一个具有重大意义的智能发展时期。以人工智能为代表的新技术，也在不断地将历次科技革命和产业变革所积累的庞大能量，不断地向外扩散，并对人类的生产生活方式、文化需求结构以及文化消费习惯进行了全面地改变，公共图书馆也面对着新的挑战，制定了更加科学、更加理性的发展计划，物联网、云计算、区块链、人工智能等新兴技术在其发展中被高效地运用，并促进其转型变革，在此过程中形成了一种崭新的服务模式。在新的时代里，要发挥好自己的技术和资源的优势，对智能服务体系的构建进行了深入探讨，从而推动了自己的服务向更高层次的方向发展。

三、适应图书馆用户的新需求

在智能设备普及、通信手段应用先进、网络资源泛在化的新情况下，公共图书馆要想获得更好的生存和发展，关键就在于它能不能深入地发掘和持续地适应新时代读者的需要。在人工智能、物联网技术广泛普及的基础上，新时代图书馆用户的需求发生了巨大的变化，逐步朝着开放性、专业性、实效性、多元化、碎片化的方向发展。所以，在新的时代背景下，公共图书馆必须进行服务观念的革新，主动调整服务策略，对服务方式进行革新，只有这样，才能持续提升自己的智能化服务水平，才能更好地适应新时代下图书馆读者的个性化要求。

第二节 公共图书馆智慧服务体系的特征

一、以融合理念为引领

当前背景下，在公共图书馆持续提升的过程中，公共图书馆的智能服务应该在融合的概念引导下，在服务技术、服务空间和服务载体等方面进行多个层面的融合。在技术上，将大数据、物联网、云计算等多种技术方法相结合，持续地满足了用户的动态的需要；在服务空间中，利用将虚拟空间与实体空间相结合的方式，创造出一种虚实共存的智慧空间，为读者提供多感官、多维度的沉浸与交互的立体化阅读体验；在服务载体上，公共图书馆要利用自身的资源优势，积极推动跨地区、跨领域合作，在公共图书馆的文化服务系统中引入新的社会因素，在资金、人才、技术、空间等资源方面进行全方位的整合，让智能服务达到"随手可及"的高品质。

二、以智慧内容为核心

智慧内容来源于数字内容，它是一种可以被计算机识别，能够进行智能搜索，可用于进行智能定位以及进行自动的精确推荐。随着混合现实技术（MR）、射频识别技术（RFID）、物联网和虚拟现实（VR）等新技术的日益普及，公共图书馆必须完成自己的角色转换，从过去知识信息的存储者变成知识的创造者和处理者，优化资源配置，突破传统图书馆的发展方式，努力向用户呈现出准确和全面的智慧知识，并围绕它展开智慧服务。当前，部分公共图书馆已经成功构建智慧服务平台，建立起了与用户的使用习惯和行为偏好相适应的智慧服务系统，先后推出了移动图书馆服务、自助式借阅服务、智能培训服务、信息共享空间和读者个性化定制服务等。

三、以万物互联为模式

在传统公共图书馆运用资讯技术为使用者提供资讯服务的过程中，呈现出使用者和馆员、使用者和信息系统的两种双向交互特征的特点。在物联网、大数据、人工智能、5G等技术的综合运用下，公共图书馆可以实现人与人、人与物、物与物之间的"广泛互联"，也可以让总馆与分馆、馆际合作伙伴，甚至是书籍与书架之间的互联，让图书馆发生的一切事件都可以被感知、被连接起来，从而在服务系统内外形成一个互动协作的机制，消除了图书馆的各种发展障碍，使得面向用户多元化、个性化需求的智能服务成为可能，在这个基础上发展成为一个全新的、更高层次的、更有价值的信息系统，让智慧服务由此进入万物互联模式发展的新阶段。

第三节 公共图书馆智慧服务体系建设路径

一、把握用户需求，构建智慧服务内容体系

随着移动互联网、智能技术的发展，知识赋能、数字赋能、智慧赋能机制的引进，给公共图书馆带来了崭新的动力和创新的活力，公共图书馆应该在资源服务、个性化服务、空间服务等方面的基础上，为广大读者创造并完善智慧服务的新形式和新模式。

在资源服务方面，公共图书馆应该注重技术服务基础的建设，根据读者的服务需要以及本馆的具体状况，搭建一个有效、实用的新一代智能服务平台。该平台将数字资源数据库、馆藏检索、发现系统平台等有机地融合在一起，利用大数据技术，采集用户行为、纸质书刊、学术资源、设备参数、电子资源、决策结构等信息数据，并根据其对应的特点，对这些信息数据展开对比分析，对那些有一定相关性或同类的资源展开集成并形成交互连接，让读者只需要进行一些简单的操作，就可以得到对所有种类资源的一站式集成检索服务和发现服务。除此之外，图书馆还可以根据自己的资源内容和建设方向，对其进行发掘和展示，并以本馆的主要文献或特色内容为中心，建立一个公共图书馆的特色资源服务体系。

在个性化服务方面，公共图书馆要深入地研究用户的偏好，运用智能感知数据来分析用户的阅读行为，并构建与之对应的数据模型，深入掌握用户的兴趣偏好、心理特点、阅读特征，从而形成有针对性的用户画像和读者需求图谱，达到对信息材料的个性化推荐。同时以用户的动态需求为基础，为不同的人群、不同的组织提供各种形式的个性化、精准化、专业化的知识服务。例如，针对老年人群进行个性化的健康信息服务，提供网络课程和培训服务；对各种图书馆员的资料进行汇总和分析，并形成个性化的图书的借出情况统计和分析；向有学科研究需要的使用者推荐与项目、课题、教学、学科建设等相关的信息资源；为党政领导机关决策与社会事业发展提供海量、及时、高效的信息等。

在智能图书馆的空间模式中，无论空间大小或多少，只有真正被用户利用才能体现其作用和价值，所以在公共图书馆中，要根据读者的需要，对其进行合理的布局和功能设计。一方面，要根据用户的需要，对馆藏空间进行重新设计，另一方面，要强化与不同领域、不同时间、不同行业的交叉协作，以"图书馆+N"的方式，扩大实体空间，为公众提供更多的信息。在构建虚拟空间的过程中，利用 VR、AR、MR 等技术手段，构建出本馆的特色化虚拟空间，将图书馆的特色馆藏、古籍文献、非遗文化等展开虚拟场景展示。此外，还可依托社交平台，展开文献提供、参考咨询、主题视频、云端直播等，来实现虚拟空间的服务功能，从而让智慧图书馆多样化的空间功能与用户的需求相匹配。

二、转化馆员角色，构建智慧服务人才培养体系

未来的智能图书馆中，对人类"智慧"的要求越来越高。在大力推进智慧服务的背景下，图书馆馆员的角色和要求需要进行重新定位："图书馆馆员不仅是知识的服务者、技术的支持者，更需要具有专业性、复合性以及时代性的特点"。从这一点可以看出，智慧馆员是智能图书馆建设的主力军，首先智慧馆员必须转变自己的思维方式，要积极主动地认识和适应智能服务发展中所牵涉的新的变化；其次，要不断地进行新知识、新技术、新手段的学习，培养自己的职业知识素质和综合性的学科服务技能，从而为智能图书馆的服务和管理提供良好的基础。当前，我国公共图书馆工作人员的专业素养与公共图书馆所需的专业素养差距较大，严重制约了公共图书馆开展智慧化服务工作的进程。

为此，智慧馆员的培养建设必须从三个方面着手，以此来加大对智能图书馆人员培训力度，建立智能图书馆人员培训制度。一是构建图书馆工作人员的长期培养体系。在满足各种图书馆人员的训练需要的基础上，制定出相应的训练内容，并有目的地强化以下方面的学习，包括：智慧服务业务流程、智能设备的维修和使用、数据信息的分析预测、网络技术的应用等。二是对专业人员的选择与引入。要制定出对人才进行筛选、引入的标准，并针对不同的工作岗位，引入各种专业技术、管理人才，为智慧图书馆这支新兴的人才队伍添砖加瓦。三是要健全评估与评估体系。将培训评价指标、培训内容、培训时长以及培训效果等内容纳入培训考核体系中，在培训完毕之后，对图书馆馆员展开一次考核，评价结果可以与馆员下一步的岗位安排、绩效奖励、职级晋升等联系起来。

三、创新评价机制以构建智慧服务评价体系

在现代科技的推动下，传统图书馆在资源、技术、服务以及人员等多个领域都发生了巨大变化。因此，现有的评估方法已经不能适应这种变化，公共图书馆应该建立一个智能服务评估方法，为其调整和优化服务方案，推动传统图书馆向智慧化图书馆的发展，做出正确的科学决策。

第一，要对评估指数进行优化。可以以用户导向和绩效导向为基础，从用户行为、感知体验、资源设施、管理效能等方面构建出一套评估指标，这些评估指标不仅要符合易操作、可推广的特征，还可以结合各个地区图书馆的具体情况，对其进行完善，以此来保证评价体系的完整性。

第二，要创新监督评价机制。图书馆要对现行的评估制度进行改革和完善，要构建起一套科学的监测和反馈制度。一方面，要注重构建一个读者的反馈平台，开辟各种途径，积极地搜集读者的意见。另一方面是要强化服务决策执行、服务环节执行及服务成效的追踪、调查与反馈。同时，在对公共图书馆进行评估时，要充分考虑到政策和技术等环境因素，从而形成一套系统化的、科学的评估方法。

四、加强交流合作，推进智慧化体系协同发展

"十四五"期间，公共图书馆要积极开展国际交流和协作，共同构建智慧图书馆的服务系统。当前，我国智慧图书馆发展总体上处于"各自为战"的状态，因此，要在"资源共享，优势互补，互利共赢，协同发展"的原则上，积极开展与其他公共图书馆的协作，组建跨地区的"国家图书馆"，推动图书馆的跨领域、深度整合。公共图书馆可以积极地探讨各种整合途径，利用社会各个方面的资源，开展跨行业、跨领域的深度协作，并将其他各种主体纳入知识服务联盟中，推动公共图书馆的智能服务资源向全域整合转变。例如，公共图书馆与大学图书馆、科研院所和智慧厂商开展联合研发，促进产学研多方向的协作；通过与民政、卫生、农业、交通等领域的协作，实施惠民工程等，来突破图书馆单独作战的窘境，建立一个具有整个行业的智能服务社区以及具有整个社会的智慧化服务环境的共享服务体系。

第四节　公共图书馆智慧服务模式创新构建

在新形势下，智慧图书馆是以云计算、大数据、物联网、移动互联网等现代新兴技术为中心，将资源、馆员、服务和用户进行了高效整合，形成了智慧化协同的有机整体，智慧化服务是智慧图书馆的基本功能和本质特征。为提高图书馆的智慧化服务水平，使馆藏资源和人才与现代信息化技术相结合，公共图书馆应整合已有的业务内涵和服务方式，实现全方位、多层次、多元化、多渠道的智能化服务。要从信息共享、用户感知反馈、线上线下运作、移动视觉搜索、空间与环境需求、阅读推广等多个方面来对图书馆的智慧服务展开设计与建构，建立起基于信息共享与用户感知反馈的、线上线下运作的、移动视觉搜索的、空间与环境需求的、阅读推广的智慧管理与智慧化服务的平台。

一、提升用户服务能力，建立信息共享平台

提高使用者的服务水平是以使用者的需要为前提，因此智慧图书馆必须建立清晰的服务策略、服务内容和服务标准，对原来的服务入口和服务系统进行改进，同时还要对资讯的基本装置和设施进行持续的更新和升级，建立起资讯资源的分享平台，使资料能够做到无懈可击。

为了提高图书馆的信息服务水平，必须建立一个资源共享平台，它是智慧图书馆的信息服务能力和智能认知能力的全面反映。信息共享平台可以完成对馆藏信息的自动标引，对用户的文献信息进行个性化订阅，对用户的请求进行自主响应，对智能信息进行及时推送，对机器人进行智能服务等多维功能。

信息共享平台能够打破时间和空间的局限，深入地发掘和集成各种类型的信息知识，实现了对用户数据的各种整合。开放、共享、协作、便捷的信息共享平台，提高智慧图书馆在知识服务过程中的智能化互动与智能化管理，推动了智慧服务的发展。

二、需求精准感知，建立用户感知反馈系统

图书馆用户的感知体验指的是，在使用图书馆资源的过程中，使用者所产生的总体印象和感觉。它是以服务接触为基础，由馆员与使用者当面交互而产生的一种纯主观的整体性感知，它直接影响到使用者对图书馆的服务品质是否满足以及是否认同。

智慧图书馆要利用各种途径和方法，准确地感知和评价用户的行为，并对用户的反馈建议、个性化需求等信息进行收集和分类，构建具有专题性、情景化、交互式、即时性、智能化的用户反馈感知体系，为用户提供具有探索式和感知化的按需服务。在此基础上，提出了一种基于"读者知觉"的评价方法。利用感知反馈来获得使用者对图书馆所提供的服务的感受，以此来为提高自己的服务质量，为实施个性化、精准化、多元化、智慧化推送服务打下了坚实的基础。

三、线上线下融合，实现跨平台组织运作

智慧图书馆要将原有图书馆信息化、网络化、数字化技术的优点发挥出来，以智慧社会开放、融合、协同、便利、共享的社会形态和良好的社会环境为依托，高效地实现跨平台、跨机构、跨系统的互动与协作，实现人与人、人与物、物与物之间的关联与协同。

要对图书馆内部的各种资源、技术、人力和场地进行有效融合，扩大智慧图书馆的协作和服务的范围。将主页、移动图书馆、各类 App，以及微信、微博等信息平台进行整合，对服务入口进行改进，提高其服务效率，最终达到了一个图书馆在线上和线下进行协作的跨平台运营服务模式。为了加快信息资源的集成和共享，教育部与中国图书馆协会等联合组建了"国家图书馆参考咨询联盟"和"分布式联合虚拟参考咨询"平台，在信息传递、检索、数字化咨询、知识服务、智能服务等方面，利用网络技术进行了知识连接和智能互动，提高了使用者对服务资源的认知和联系，提高了使用者信息互动和获得的效率。

四、提高知识服务效能，构建移动视觉搜索体系

行动视图检索系统是一个智慧知识服务系统，它可以提供更多的知识分享。在信息技术的背景下，以图像、视频和三维模型等为主要载体的可视数据已经

成为图书馆大数据的重要组成部分。以可视资源搜索的相关信息为中心，将由移动智能终端收集到的可视数据作为检索的目标，运用智能互联、个性定制、智慧挖掘等技术方法，来建立一种新型的移动可视搜索系统，这样就可以让图书馆的知识管理和信息增值得以实现。

在智慧图书馆知识服务体系构建中，行动视图检索是一项非常关键的工作，高效、低能耗、智慧化的移动可视检索系统能够为智慧图书馆的信息资源的存储与管理提供有效支撑，并实现智慧化的知识服务。借助区块链、人脸识别、指纹识别等多种智能化技术，实现全面感知、立体互联、高效低耗、无线泛在的可视化检索，进一步丰富和加深知识服务，拓宽知识获取渠道。例如上海交通大学图书馆，在智慧服务系统中引入了 AR 可视性检索技术，对特殊文献进行了虚拟检索，为图书馆提供了一种崭新的、智能化的服务经验。

五、创新空间设计，优化用户体验

在智慧图书馆中，要对空间重组给予足够的关注，以给使用者提供一个公开、免费的交流场地，来提升使用者的知识水平，以此来实现价值转换和创造。人们到图书馆来，并不只是想要得到一些公开的、有价值的资料，还想要获得对图书馆公共空间的体验。在实体空间中阅读，更有利于在馆员与用户、用户与用户之间进行知识的交流与交互。在这个过程中，通过进行思维的碰撞，可以有效地提升人们的知识认知效率，有利于人们对具体问题的重新构建以及对具体问题的多元理解和知识创新。以在建的上海图书馆东馆为例，它是"空间再造"的典型代表：占地 115 000 平方米，其中 2 500 平方米的藏书空间有 80% 的面积是对读者开放的，让它变成了一个"书房""起居室"和"工作室"。

智慧图书馆应以多种形式提供给读者不同的空间服务，以不同的方式提升读者的知识价值；要打破原来以图书资料为主的阅读和传播空间的限制，构建多功能、互动和创新发展的复合式的文化分享空间，使其向思考、交流和创新的空间转化；构建"信息共享空间""在线学习空间""第三空间"和"创客空间"，构建全方位、立体化的"三维空间"，提升"虚拟与现实"融合的"智能感知空间"的空间服务功能。

第四章

智慧化背景下公共图书馆建筑空间的变化

公共图书馆是与智慧化技术关系最密切的建筑类型之一，智慧化技术的发展给公共图书馆建筑带来了根本性的影响，计算机网络时代的发展造就了公共图书馆最主要的变化。由传统图书馆平面布局和功能划分入手，通过阐述智慧化背景下公共图书馆建筑空间的革新，总结图书资料信息化、功能需求多样化、服务模式现代化等功能空间的发展趋势。智慧化技术的发展带来的信息涌动推动传统设计模式不断更新与改变，环境需要符合当下使用者的需求才会得以延续和保存。

第一节　智慧图书馆空间建设背景及影响

公共图书馆建筑作为与资讯科技最为紧密相关的一种建筑物，资讯科技的发展对公共图书馆的建设带来了根本性的影响。提到在信息化时期图书馆的新特点，必然离不开计算机技术。随着计算机网络时代的快速发展，公共图书馆发生了重大的变革。美国著名图书馆馆员博斯（Boss）曾经在计算机技术发展的基础上，提出了一种新的公共图书馆建设模式："虽然很多出版物还会被存放在各大图书馆和情报机构之中，但馆藏中的大部分将可以通过计算机终端来获取。根据相关资料统计，分类和编目信息早在20世纪80年代末以前就转换成机器可读的形式，而如今一年只需修订数次的电子出版物，并以数字光盘的形式发行，或干脆以电子邮件的形式发行。面对出版物的修订、更新则可以从远程服务器的数据库上直接下载。"博斯的以上预测，如今已在很大程度上成为事实，而这种改变正是依靠计算机技术——"数字图书馆"，这才是现今对公共图书馆架构产生最重大影响的信息技术。

随着人工智能、5G、云计算、虚拟现实、区块链、智能传感等技术的飞速发展，智慧图书馆空间的可控性、拓展性、创新性大幅提升，图书馆空间实现了对可控要素的调节，在节能、增效、智控的基础上，进一步提升了用户的空间体验。智慧图书馆空间建设备受业界关注。

当前，智慧图书馆空间建设的主要思路是通过技术创新和融合应用完善空间功能，打造具备万物互联、智能决策、云数融合等特征的智慧空间。技术的突飞猛进为智慧图书馆空间功能和服务的创新提供了技术支撑，推进了智慧图书馆空间智能调控、智能服务、分析决策等核心能力的发展。创新与重塑智慧图书馆空间的目标在于为用户构建更为便利高效的学习、交流、研讨、创新场所，提升图书馆的综合服务效能。智慧图书馆空间建设之所以备受关注，关键在于其能为用户提供更能满足协作学习、交流互动、创新实践等需求的场所。

目前，相关研究主要集中在空间功能布局、空间要素调控、空间体验提升这三个方面，而智慧图书馆空间建设实践便主要着眼于三个方向：一是优化图书馆空间结构，提升空间服务效能；二是改善图书馆空间环境，提升用户对空间的感知价值；三是提升图书馆空间的智慧化程度，优化空间功能。

在高质量发展要求下，数字图书馆向智慧图书馆的转型已成必然，而这种转型的典型表现正是智慧图书馆空间建设，尤其在"第三空间"理论支撑下，基于智慧图书馆空间的知识服务、资源共享、社交娱乐和文化传承成为智慧图书馆空间建设的重要着力点。上海图书馆的"书香部落"阅读体验空间、广州图书馆的"城市客厅"均为智慧图书馆空间建设的典型案例。但从发展程度上看，智慧图书馆空间仍处于初级阶段。

第二节　智慧图书馆空间建设的发展特点

智慧空间兼具物理空间和虚拟空间的特征，智慧图书馆空间是图书馆在链接知识存储点后创新形成的知识立体化空间，如知识实验室、泛在化协作学习空间和特色场景空间均是智慧图书馆空间的表现形式。以边缘计算为代表的辅助应用也为智慧图书馆空间整体效能的提升提供了支持。当前，智慧图书馆空间建设发展主要呈现以下一些特点。

一、建设主体广泛化

随着图书馆空间概念及属性的不断丰富，针对物理空间、虚拟空间、创新空间的智慧图书馆空间构建成为智慧图书馆空间建设的突破口。国内已有部分高校图书馆实施了智慧图书馆空间建设项目并开展了一系列实践，如南京大学图书馆基于空间智慧化管理开发的超高频 RFID 智能图书盘点机器人"图客"、基于室内空间智能咨询服务开发的咨询服务机器人"图宝"，均是智慧图书馆空间建设与服务融合的重要尝试。中国人民大学、上海交通大学、北京师范大学等多所高校尝试利用智慧图书馆平台开展空间实时管控，包括人员导流、智能安防等。此外，智慧图书馆空间建设也吸引了部分企业参与，智能还书分拣系统、移动盘点定位车等均是企业参与智慧图书馆空间建设的成果。

二、空间功能多样化

智慧图书馆空间功能多样化发展主要源于图书馆对家具、安防等设备智能控制能力的提升。智慧图书馆空间通过智慧图书馆系统与智能书架、智能桌椅、人脸识别设备、智能引导设备等智能化设施连接，提升了馆员对空间的管控能力。

随着"第三空间"的建设与发展，智慧图书馆空间功能不断细化，发展出知识共享空间、文化空间、创客空间、研讨空间、实验空间、静音空间、智慧教室等各类功能空间。同时，面向不同用户需求的空间功能与形态创新也成为图书馆空间功能多样化发展的方向，如打造面向儿童的梦幻阅读区、面向青少年的创意区、面向儿童及家长的亲子阅读区，均体现了以用户需求为导向的空间功能的多样化。

三、空间表现人性化

用户空间体验感的提升除了源于用户对技术的新鲜感，还源于其从空间感受到的人文艺术气息以及空间为其带来的闲适感，体现了图书馆空间对用户展现的人文关怀。现代图书馆提升用户空间体验的手段已从满足用户以"静"为主的空间需求转化为满足用户动静结合、平面与立体结合、简约与复合结合的空间需求，既可使用户感受到图书馆空间的人文气息，又可使其感受到图书馆对用户个性化空间需求的兼顾。

图 4-1　新加坡南洋理工大学图书馆

如新加坡南洋理工大学图书馆注重通过优化空间功能和场景设计提升用户的临场体验，如利用草坪、喷泉、挂墙绿植等自然生态元素增强用户的闲适感，利用旋转楼梯、落地窗、隔断、列柱、玻璃穹顶、彩色墙面、玻璃墙、内庭天井等建筑用材凸显空间结构的生动性，利用光照、色调等感官元素展现空间层次性，为用户构建现代而闲适的空间场景（图 4-1）。

四、空间应用技术化

技术创新对智慧图书馆空间功能发展的作用明显且直观，从人工智能到虚拟现实，从有线传输到 5G 通信，智慧图书馆空间建设不仅未因大量新技术的应用而出现普遍的数据安全问题；相反，新技术的应用极大地提升了智慧图书馆空间的服务效能。

如利用虚拟现实技术构建的用于开展实验、远程教育、防灾演练等教育教学活动的虚拟仿真空间，利用移动通信和远程协作技术为用户提供的智慧课堂、虚拟社区等泛在化学习与服务空间，以及部分图书馆运用数字化与网络化技术建设的创意中心，都是智慧图书馆空间应用技术化的代表，均体现了技术对智慧图书馆空间功能创新与服务范畴拓展的重要作用。

五、空间边界模糊化

得益于人工智能、移动通信、虚拟现实等技术的发展和元宇宙概念的兴起，图书馆空间边界逐渐模糊。智慧图书馆空间在打造跨区域的泛在服务方面取得了长足进步，虚拟空间和物理空间、学习空间和休闲空间、个人空间和协作空间的跨界融合成为智慧图书馆空间建设的突出特点。部分图书馆打造的创客空间、冥想空间、协作学习空间等虽有明显的物理边界，但能借助技术实现跨空间服务，不仅有助于拓展图书馆的空间类型，满足用户不断发展的空间功能需求，提升用户黏性，而且有助于图书馆借助不同技术创新空间服务内容与服务方式。

如在传统空间中融入可视化技术和智能分析系统，能将图书馆资源中部分繁复、晦涩的文字内容以关系图、路径图的方式呈现给用户，辅以智慧图书馆空间提供的沉浸式学习方式，能够帮助用户理解知识内容并实现知识建构；借助数字孪生技术和 3D 技术，可以实现物理空间与虚拟空间的联动展示，有利于用户借助虚拟空间了解与体验实体空间的功能与服务。

第三节　智慧化背景下公共图书馆空间的功能需求

在社会信息化进程不断推进的今天，人们对公共图书馆建设的功能和开放性的要求也在不断提高。现代城市公共图书馆的功能已经不再是单纯的藏书和阅读，在新时期社会的多样性要求下，公共图书馆逐渐演化成为城市信息集散中心、学习研究中心、社交中心和文化艺术中心。在新时期，随着城市公共图书馆功能的演变，与之相匹配的建筑空间也发生了变化，从传统的"信息储存空间"，到近代的"信息展示空间"，再到当代的"信息交流空间"。

吴建中在 2016 年度第 6 期《图书馆杂志》上发表的一篇名为《迈向现代图书馆》的专稿文章里，列举了现代公共图书馆的五大特征：

第一，要以人为本。吴建中教授在其《21 世纪图书馆新论》中就提出了当代城市公共图书馆正在从书本位向人本位转移。公共图书馆功能服务需要以读者需求为中心，以用户为中心，为公众提供人文关怀的信息交流场所。因此，在现代的图书馆中，为了满足不同年龄和背景的读者需要，公共图书馆越来越注重人性化的服务。在功能空间的设定上，公共图书馆衍生出了咖啡厅、茶室、多功能厅、剧场、展厅等，以满足不同的读者个性化需求。

第二，注重可接近性。被称誉为"都市之心"的城市公共图书馆，其区位选择的便捷性对整个社会具有重要意义。为了更好地为公众提供功能性的服务，公共图书馆必须拉近与读者的距离。在国际上，许多公共图书馆的服务范围仅为 1 千米左右，我国由于城市化进程的逐步完善，今后将会出现越来越多的公共图书馆，以适应广大读者方便地到馆的需要。另外，本书还提出了一个观点，即在新建的公共图书馆中，不应盲目地去追求规模的庞大，而应采取分散的方式，使城市每个区块、每个社区都有自己的公共图书馆。

第三，注重开放性。只有这样，知识才能得到最大限度地发挥。近代以来，我国的公共图书馆由封闭的空间模式到开放式的阅读模式的发展趋势，反映了我国公共图书馆对开放性的功能和场所的需要。当代图书馆应以开放式的空间为依托来吸引和接纳读者，同时也需要通过开放式的服务来实现各大图书馆间的互联互通，实现与其他公共建筑的协同合作，从而更好地满足读者需求。从古至今，为适应公众的需求，公共图书馆一直在不断地为读者创造更多的开放式、多功能性的场所。

第四，重视生态保护。古罗马哲学家西塞罗曾说过一句非常经典的名言："如果图书馆有花园相伴，那么我就不需要别的东西了。"这一名言说的是图书馆的环境建设，现代图书馆在满足读者需求的同时，也应注重户外景观的营造，注重与周边的协调，实践"生态图书馆"的建设思想。

第五，注重资源融合。当代图书馆在对原有的文献资料进行不断地改进和完善的同时，也有必要扩展新的资源和新的空间功能性服务。而在国外，图书馆个性化和创意化功能空间早在十几年以前就已开展，有了"主题阅览室""创客空间""城市办公""概念店"等创意型功能空间。

根据吴建中先生对于当代公共图书馆特点的总结，本书提炼出以下五点智慧化背景下公共图书馆仍要遵循的功能需求。

一、多样化信息载体需求下的多元化功能

当代公共图书馆的职能正在发生着巨大的变革，这与传统图书馆单一化的藏书功能及近代公共图书馆的"藏—借—阅"的功能安排相区别。首先，我们必须注意到，随着科技的进步，公共图书馆的功能和所处的空间都发生了巨大的变化。在数字化、智能化快速发展的今天，信息充斥着整个社会，而电子阅读则极大地冲击了图书馆的功能与服务，其信息载体也将从过去的纸质档案转变为一种崭新的电子化形态，而新科技的应用更使得公共图书馆的服务制度彻底脱离了传统的目录展厅，进入了计算机控制的信息检索系统时代。当今信息化时代，各类电子产品如手机、平板电脑等电子阅读器层出不穷，给了读者更丰富、更便捷地获取信息的途径。因此也有人开始质疑是否需要公共图书馆。不可否认，技术的变革正在改变着读者的行为模式，同时也对公共图书馆的建设和使用提出了更高的要求，因此在现代社会中，公共图书馆的功能演变发展势在必行。

简而言之，数字化时代的今天，公共图书馆的功能空间发生了如下变化：①当代智能检索系统取代了传统的图书馆目录展厅的位置，智能检索系统既实用又快捷，可节省大量图书馆空间，同时提高书目资源分配的效率；②新型文字载体的出现，如缩微载体、音像载体和机读型图书等，让文献信息的储存变

得更加多样和实用，而新的信息载体和巨大的存储容量极大地节约了图书馆的藏书空间；③随着计算机在公共图书馆的广泛使用，电子阅览室的空间也越来越大，读者可以更方便地使用互联网系统查阅知识信息；④随着信息技术的发展，现代图书馆在保留传统图书馆建筑中满足人与人之间对视的交流的公共性社交空间，同时也十分注重新型公共图书馆的建设，强调"人本位"的功能属性，社会空间所占的比重也在逐渐增加；⑤互联网系统广泛应用的当代，公共图书馆开始了延伸至馆外的全方位的功能性服务，并注重跨界的沟通与协作，为用户提供便利。

二、多元精神文化需求下的多元化功能

公共图书馆的社会功能非常重要，而且一直在随着社会的变革而拓展。在1975年的学术研讨会上，国际图联将图书馆的社会职能定义为"保存人类遗产，开展社会教育，传递科学情报，开发智力资源"。公共图书馆作为一种终身教育的场所，它可以满足广大群众的继续教育需要，能够为读者提供先进的思想文化，也可以说是人民的"第二教室"。同时，公共图书馆是保障公民实现文化权利、促进人全面发展的公益性机构，它具有为构建和谐社会提供智力支持、弘扬中华民族优秀传统文化、社会保障和为社会主义市场经济提供参考资讯等社会功能。此外，由于我国信息化进程的加快，人们的物质文化生活日益丰富，在今后的日子里，我国的公共图书馆必将担负起更为重要的社会职能。

在当今信息化社会，由于技术的变革和人们的阅读方式发生了变化，"第三空间""创客空间""泛在空间"等一系列新的特征性功能也随之产生。另外，在当代中国许多大城市中，都已经建立起了公共服务性质的社区图书馆，为居民普及科学文化知识的同时，促进了社区邻里关系。此外，一些城市的公共图书馆也承担起了对区域历史文献的保护与陈列的职能。随着人口老化程度的增加，未来会有更多的老年读者加入，因此，公共图书馆必须为老人及残障人士提供专门的阅览空间。

在当代信息化、数字化大社会背景下，市民的精神和文化生活变得越来越丰富多样。随着大数据的出现，公共图书馆的功能划分也由宏观层面走向微观层面，在一系列的数据支持下，新时代的城市公共图书馆必须要有更加多元丰富的服务功能，才能满足不同用户的要求。时代赋予的社会责任使得公共图书馆增添了新的功能空间。人们希望在周末和节假日缓解平时生活和工作中的压

力，年轻人则希望在闲暇时提高自身素养、振奋精神、陶冶情操，而公共图书馆则是节假日休闲和社交的最佳场所，新的文化需求也给公共图书馆带来了新的功能作用。

此外，图书馆利用多元化方式获得知识资源，同样扩大了其功能服务的范围。新建的市级公共图书馆可通过学术讲堂，开展科普讲座，充实市民的精神生活，扩大市民的知识面；可以利用展览空间组织若干专题的文化和美术展览，在进行思想交流的同时，宣传当地的文化，进行知识的传递；通过开展阅读活动，营造浓厚的文化氛围，开展亲子阅读、沙龙交流等主题活动，促进家庭和谐，知识交流；与此同时，公共图书馆可以迎合全国公共假期的设定，开展假日文化娱乐活动，让市民在舒缓心情的同时接受知识的熏陶。

三、"以人为本"与"可持续发展"需求下的多元化功能

在"以人为本"的人文主义思想驱使下，当代公共图书馆更加注重以人为中心，为不同年龄和生活背景的读者提供方便舒适的人性化使用空间。在人文主义思想的推动下，公共图书馆肩负着更为广泛的文化责任，公共图书馆应当遵循可持续发展、与自然和谐相处的原则。因此，我们看见许多废弃的工厂大楼在经过改建后重新焕发了生机，成为公共图书馆。同时，在此基础上，建筑师们提出了生态绿色图书馆建筑理念——营造一种新型、健康、舒适、有效的交流和学习空间来吸引更多的读者。我们坚信，在未来，随着公共图书馆的示范引领作用，将会有更多的建筑物贯彻"生态建筑"理念，实现人与自然的和谐相处。

综合而言，现代的城市公共图书馆在功能上呈现出多样化和泛在化的趋势，也越来越注重地方的人文关怀，功能服务也更加便捷化、高效化。而随着公共图书馆需求量的增加，大规模、大面积的公共图书馆数量将会越来越少，公共图书馆将被更加注重场所和空间营造的小型社区公共图书馆所取代。

四、时代需求下的创意型功能

与功能演变相对应的就是，当代的城市公共图书馆将呈现出更加多样化和个性化的发展趋势，同时也将以更加开放的空间形态来满足人们的需要。当今社会，随着信息技术的快速发展，公共图书馆的藏阅空间将会减少，而为公众

图 4-2　赫尔辛基中央图书馆

提供的交往活动空间将逐渐增多。与此同时，与数字化相关的空间将会变得多样，某些特定的主题空间将会增加，进而产生大规模的模糊空间、中介空间、共享空间等等创意活动空间。未来，在我国创新建设的背景下，以"创客空间""概念店""城市办公空间"为代表的各类创作空间应运而生。在将来，随着社会对科技创新活动的重视，公共图书馆亦会增加更多的空间，以提供科技创新活动。例如，OMA 设计的法国 Alexis de Tocqueville 图书馆将展览厅、多功能报告厅等为读者增设的交流活动空间置于首层，结合建筑入口开放式大厅布置，方便读者的便捷性使用。赫尔辛基中心图书馆一楼与大堂相连接，设有一间休憩的咖啡阅览大厅及一间开放式的书屋，为读者提供亲切而自由的活动场所（图 4-2）。读者置身其中，不仅可以感受到一种轻松自在的阅读气氛，还可以通过一楼的大片窗户欣赏到周围的优美景观。在新时期，公共图书馆已不再局限于"城市书房"和"城市客厅"的角色，同时扮演着"城市工作室"的职能，成为广大读者创作的场所。

五、场所需求下的人性化功能

意大利建筑师布鲁诺·赛维曾说过："空间是建筑的主角"。公共图书馆的建筑外观形态体现了人类的精神审美需求，而公共图书馆的空间规划则反映了人们对文化场所的三维化追求，随着人们对公共图书馆建筑功能的要求日益多样化，也带来了场所与空间设计的多样性扩展。

在建筑学理论体系当中，功能服务的完成必须通过对建筑空间的设计来承担。天津大学的彭一刚教授也把建筑的功能抽象化为建筑空间的尺寸、形状、规模以及空间的品质，交通组织，人流疏散等方面的问题。这说明了建筑的功能和空间有着本质的联系。而公共图书馆作为都市文化活动的中心、市民终身教育与休闲娱乐中心，其空间应随着功能的发展演变而进行多元的调整与设计。与"空间"相比，"场所"是一种更为多元化的概念。建筑场所的营造要与特定的时空、特定的地点和特定人群的生活方式紧密联系在一起。在城市地域文化重点发展的大环境中，为创造人文关怀的建筑环境，必须以"场所精神"为导向，以人文关怀为宗旨。

公共图书馆不仅应该是市民学习、休闲和活动交流的场所，还应当发挥更加强大的文化职能，给社会大众提供更多提高自身素质和素养的途径，使人们不再是为了提升自我能力而被迫走进公共图书馆，而是积极地主动到图书馆中来提高自己的能力水平，使公共图书馆真正融入人们的日常生活之中。在公共图书馆的建筑设计中，要把人们对于场所的人文与功能需求量化为空间的设计与组织，通过对空间进行设计和安排，使其达到场所关怀和功能性的服务。建筑的本质在于使人们能够"诗意地栖居"。作为一种具有开放性和亲和力的理想"场所"，公共图书馆正以一种友善的姿态迎接着人们，欢迎读者的到访，诗意地阅读，获得乐趣。在后现代主义理论研究中，"为阅读设计空间"这一理念已演化成为"场所"这一重要概念。"场所"可以被理解为植入人文关怀的空间，区别是它与具体的时空、地域和群体的生存模式联系在一起，而"空间"是一种与立体视觉相关的功能属性；场所是以空间为基础的人文关怀，这不仅与场地的物理要素关联，而且具有明显的地域倾向。场所与空间相比，增添了一些人文要素。

具有人文关怀的场所与相对抽象的物理空间相比，更注重文化的认同感、空间的体验感和地域环境的包容性。公共图书馆在设计中应以人文关怀为特征，而不仅仅是功能多元化需求下的建筑物理空间的简单抽象化设计与组织。作为面向大众的公共图书馆，必须贯彻"以人为本"的功能设计服务理念。如今，在以读者为中心的时代，图书馆的人性化设计已经不再是一个新鲜的词汇，但是，由于人们的需求在不断变化，这种理念的内涵也随之改变，怎样才能满足读者新的需求，处处给读者带来亲切和温馨的感觉，其处理方式应当与时俱进。《公共图书馆服务标准》提出了公共图书馆功能服务应体现人本位原则，为读者提供自由、便捷、多元化的功能。而同时，公共图书馆的功能服务人群应该面向全体市民。在此过程中，也要注意对未成年人阅读习惯的培养，并为弱势人群提供同等的文化服务。

第四节　智慧化背景下公共图书馆建筑空间新特点与新趋势

一、智慧化背景下公共图书馆建筑空间的新特点

1. 开放性

在新型的信息时代公共图书馆中，读者们普遍希望能最快捷、最方便、最直接地接触可供阅读的书籍与资源，最好能够尽量减少通过图书管理员的服务才能借阅到书籍读物，因此在公共图书馆设计中要求图书馆的管理与借阅过程的设计要具有开放性，公共图书馆的建筑设计必须立足于开架管理进行设计。除此之外，开放性在定义上还有另一层含义，即建筑空间的设计要是弹性设计：建立适度的秩序或原型，为以后空间的重新定义、重新组织埋下伏笔。

在我国，传统的公共图书馆在服务管理中，经过了"开架——闭架——再开架"的三个发展阶段，其建筑形态也在随之不断变化。西欧最初的公立图书馆采用的是开放式管理方式，即藏书与阅览不区分开，两者都设立在同一区域，让读者能够与读物直接接触。19世纪中期，由于印刷技术的发展，文化教育事业的发达，书籍及读者大量增加，为方便管理，将藏阅分离，读者必须经过出纳才能借阅读物，这便形成了藏、借和阅三个环节。

20世纪以后，公共图书馆的概念得到了更深层次的发展，它着重于节省读者的时间，提高公共图书馆的使用效率。为了让读者更好地利用图书馆，同时也要让读者更好地接触到书籍，这就促使了图书馆由藏为主向以阅为主转变，提倡以开架阅览的形式进行阅读，开架管理成为图书馆现代化的重要标志。所以公共图书馆在设计中再次采用了藏书和阅读相结合的布局方式。公共图书馆使用的进程是一个因外部环境和内部环境同时发生变动的动态过程。例如，调节图书馆阅览室的数量与大小，重划开架范围，改变藏阅之间的相容与交换，更换借阅设备以及改变与之相适应的空间需求等，都需要有一定的灵活性，否则所有的改动都不可能完成。实践证明，传统的固定式布局形式已经无法满足

未来的发展和变革，在信息化的社会，公共图书馆的空间布局设计一定会朝着开放式的布局方式发展。

2. 综合性

传统的图书馆功能相对单一，主要是以文献和材料为主。公共图书馆已经变成了一个多用途的社会信息枢纽，除了原有的职能之外，许多公共图书馆还开设了展览、讲演、视听、培训等服务方式和商店、小吃部、小卖部等服务设施，这种一体化的综合发展方向既可以增加藏书文献的使用率，让馆方获益，也可以体现出当今社会高效率的需求。读者在一个单位的时间里能同时做好几件事，从而节省了大量的时间，提升了工作的效率。例如台湾元智大学图书馆咨询大厦，由三个区域组成：咨讯传播学系专业教室、图书馆和国际会议大厅；日本德岛县德岛市设有"文化森林"；仙台设有"媒体中心"等等。在信息化社会中，公共图书馆走向综合性是一种必然的发展趋势。

3. 高效性

在信息化的社会时代，公共图书馆是一个要求高效率的学习场所，这就需要公共图书馆在规划和管理上，应遵循节省读者的时间为出发点，图书馆要能够轻松地抵达和方便地停放车辆，抵达图书馆后可以很容易地进入不同的阅读区域，并能够方便地将书籍借走，这便要求其内部流程简单清晰，各项服务要简便高效，在此基础上也要合理地使用场地和设施。信息化时代公共图书馆的科技水平日趋复杂，对其空间设计的要求越发精细化，要采取集约化的高效设计。

4. 社会性

在信息时代，人们普遍把公共图书馆看作是一个向社会提供各种文献、参考资料的信息中心，是支撑终生教育的场所。公共图书馆的大众化特征决定了公共图书馆在空间设计中必须能够满足各类读者的需求，例如，为残障人士进行无障碍的设计，让他们能够方便地进入馆内各个地方，为残障人士设计进馆的专用道路和馆内专用载人电梯，即使是特殊的阅读空间和盲文阅览室也是如此。与此同时，由于我国步入老龄化进程，老年读物的数量也在不断增加。图书馆作为一个终身学习的场所，它应该有与之对应的"白发族"读者的活动项目和活动空间，同时要注意到他们的身体状态，并在环境的规划和布局上给予特别关照。

5. 可持续发展性

公共图书馆是一个不断成长的有机体，许多既有的公共图书馆建筑物都存在着扩建和更新的问题。首先，伴随着时代的发展，图书馆的馆藏数量必然增加，藏书量的增长势必引起公共图书馆规模的扩展。其次，随着数字化图书馆技术的发展，许多旧建筑的使用功能已经无法满足读者新的功能需求，因此需要对旧建筑进行升级和改建，以适应新的功能要求。在进行公共图书馆建设规划时，除了要考虑今后的扩建问题外，还应针对既有场馆的扩建和改造策略进行研究。

目前，对图书馆的可持续发展来说，节能设计也是一项非常关键的工作，因为公共图书馆有着庞大的占地面积和非常复杂的设施，这对周围的环境质量有着非常高的要求，因此对能源的消耗也非常大，这就导致了部分公共图书馆能够建成却无法正常使用，也就是说，公共图书馆的日常维护费用非常昂贵。所以，在信息化背景下，公共图书馆在建筑设计中要注重节能，与当地气候相结合，尽可能多地利用自然光线和自然通风，以空调设备为辅。

二、智慧化背景下公共图书馆建筑空间的新趋势

如今，各行各业都在朝着智能物联网的方向发展和转型，公共图书馆作为信息密集型行业，自然也要跟上这个时代的潮流和发展。回顾图书馆的发展历程，公共图书馆主要是从传统的纸质图书馆向共享图书馆、数字图书馆、移动图书馆过渡。随着信息技术的发展和智能时代的到来，公共图书馆必然会进一步转变为智慧图书馆，智慧图书馆将成为未来图书馆发展的主导模式和最高形式。智慧图书馆将是图书馆发展的新革命。

1. 智能技术驱动图书馆向智慧化方向发展

目前，物联网、大数据、人工智能等新兴科技已经在信息产业等各方面引起了广泛关注和探讨，互联互通与智能化已是大势所趋。读者不再通过图书管理员的环节，直接获得信息咨询，这已经是21世纪公共图书馆发展的最大挑战，而"物联网"则是最具有突破性的一项技术。以科技推动创新发展，通过动态的调整改变发展战略来应对日新月异的新科技形势，是包括图书馆在内的各行

各业发展的必由之路，更是引领各行各业走向改革与转型的关键动力。英国《国家图书馆发展战略纲要》提出，我们所处的环境在过去的 20 年里发生的变化超过了过去 200 年的变化，尤其是在科技进步的推动下，这种变化已逐步打破了以物理图书馆为主要数据来源、以获取科研需求为主要手段的研究模式，而转向复杂的有多种选择的网络。美国雪城大学的斯科特·尼科尔森（Scott Nicholson）教授也认为，在最近 5 年里，图书馆界发生的变化超过了之前 100 年的改变，而且与未来的 5 年相比，这 5 年的改变又几乎可以忽略不计。随着物联网、人工智能等新兴技术的不断发展与普及，图书馆正在经历一场颠覆式变革，其中智慧化发展则是最为引人注目的。

2. 智慧图书馆是社会发展的需要

自从 IBM 推出"智慧地球赢在中国"项目后，"智慧地球"从理念到智慧城市、智慧政府、智慧社会、智慧社区、智慧校园乃至智慧快递等各个领域的实际应用，已经成为各国政府及社会各界关注的焦点。2017 年，党的十九大明确提出要构建"智慧社会"，通过推动互联网、大数据、人工智能与实体经济等各领域的深度结合，形成新的增长点和新的动力。在教育领域，教育部在《十三五教育信息化发展计划》中指出，高校要在 2020 年底前，达到"智慧校园"的建设目标。智慧城市、智慧校园、智慧图书馆等都是一个整体，它们应该要适应我国的宏观战略布局，融入我国智慧化的战略系统中去。因此，公共图书馆必须加快规划，加速向智能化、智慧化方向转型，持续提高其信息化、知识化的服务水平，使之更好地为"智慧城市""智慧社区""智慧校园"等方面提供应有的服务。

3. 用户需求转变与图书馆价值实现

公共图书馆是以读者为中心的，用户需求是公共图书馆的生存之本，也是其发展之源。在人们对各种信息的要求都可以通过网络和智能终端来实现，当传统的图书馆已经无法很好地解决读者的深层需求时，那么在这种情况下，读者对公共图书馆的需求还会继续吗？图书馆的存在是否没有意义了？在面对环境和技术的双重打击下，关于公共图书馆的生存与发展受到了严峻的考验。改革和转型是图书馆发展的必然选择。回顾我国公共图书馆改革与发展的历程，继传统图书馆到数字图书馆的转变，在智能化技术的兴起下，必然会有一场新的、重大的图书馆变革，即从传统图书馆向着智慧图书馆转变，从传统图书馆服务向着智慧服务转变。

未被珍视的价值是没有价值的。仅仅依靠提供书籍等资料来源的服务，已不能再从读者身上得到更多的价值认同。随着信息科技的变革和人工智能、大数据等计算机科技的不断发展，人们对知识的需求日益个性化、深层次，公共图书馆需要引进新的智慧技术以增强自己的活力，也就是顺应了智慧化的发展趋势。把图书馆看作是一个互联的结构体，使人与人之间的连接、机构与机构的连接、数据与数据的连接，满足多变的环境与使用者的需要，以此获得使用者与社会的认同并实现自身价值。

并非社会与大众不再需要图书馆，而是需要有别于传统图书馆的公共图书馆，它要求新的形式、新的功能。读者对图书馆的需求与图书馆所拥有的服务功能有关。智慧图书馆是信息时代的产物，也是未来的发展方向，传统图书馆需要且必然会走向智慧图书馆。智慧图书馆并非只是一种理念上的宣传，更不是一种"噱头"，它更多的是满足当下读者的实际需求，智慧图书馆也是一种新的发展策略。图书馆必须朝着智慧化方向发展，同时图书馆服务也必须向智慧化服务的方向发展。

第五节　智慧化背景下公共图书馆建筑空间的功能转变

在信息化的背景下，我国的公共图书馆在其内在结构上有了较大的改变。首先，阅览室的分类方式发生变化，电子阅览室、多媒体阅览室和视听阅览室将不再独立出来，而将扩展到其他有此需求的阅览空间和接待、展示空间。其次，随着数字技术的发展，微缩材料、微缩文件的大量使用，图书馆的藏书空间将大幅减少，藏书空间将因闲置书籍的存在而重新建立。此外，信息情报中心还将组成一个独立的分区，并发挥着巨大作用。其中最显著也是最重大的改变就是在原有的大型报告厅等公共空间的基础上，将许多走道、阳台、屋顶花园等都利用成很多休息和交流的微空间。

一、公共阅览室

随着信息社会的来临和数字技术的广泛应用，公共图书馆的阅读环境也随之改变。首先将改变的是公共图书馆的分类方法。在传统公共图书馆的分类过程中常常将电子阅览室作为一个独立的类别。而在信息时代，所有的阅览室都有缩微胶片、缩微卡片等缩微文件，因此，缩微阅读设备等应该与图书一起存放在不同的阅览室中，而不是被单列出来。同样不再独立划分的还有多媒体阅览室和视听阅览室，他们也应该存放在不同的阅览室中。在信息时代，公共图书馆阅览室的分类已经不是按照刊物来进行了，这是由于目前各类缩微材料已经成为常态，缩微材料将根据不同的读者目标和学科的分级准则进入不同的阅览室。在信息时代，阅览室首先根据读者对象分为普通阅览室、科技人员阅览室、青少年阅览室、研究室、参考阅览室以及根据不同学科再细分下去。

二、藏书区

在信息化的背景下，公共图书馆的馆藏模式已经从以基本书库和辅助书库为主的形式向三线藏书及多线藏书的形式发展。第一线是图书馆内的开架藏书，第二线是辅助书库，第三线是基本书库。第一线的开架藏书频繁变动，第二、三线图书承担着调整与备用的功能。

因为数字化进程的发展，导致物理介质藏品使用的次数减少了，但它依然是不可或缺的。为了提高图书馆的利用效率，公共图书馆一般将一段时期使用最少的书籍（通常称作"闲置书"）转移至专门的藏书室内，而这样的藏书室基本上就是一个单独的图书馆，通常位于边远地带。专用藏书室除了作为储藏书库之外，也是公共图书馆体系中各馆之间的中转站：定期会有运送书籍的车在各个馆和藏书室间往来。通过这种方式，既能节省土地和资金，又能提高城市公共图书馆的内部空间面积分配。就目前的情况来看，能够腾出一些藏书空间来为读者提供更多的服务。

20 世纪 80 年代以后，我国的图书馆由过去的封闭式借阅模式逐步过渡到开架管理方式，目前还处于转型之中。当前，我国公共图书馆藏书结构已由过去的集中式藏书模式向辅助半开架和基础半开架共存的模式发展。在现代科技的推动下，读者利用计算机网络，能够随时查阅图书馆内所藏资料，实现了图书馆对广大读者的全面开放。然而，读者看到的不是真正的传递知识的媒介，却是通过信息技术和网络，这种方式将读者与阅读材料隔离开来，变成一种更为先进的闭架管理。开架借阅将逐步被新型、先进的封闭式图书管理模式所代替。从近年来发达国家的发展状况来看，开架借阅的范围正在逐步减少，越来越多的书的借阅率下降成为冷门书，这些书籍逐渐由开架管理退回到藏书库，进入闭架管理。图书馆从原始的开架管理变为闭架管理，又从闭架管理走向开架管理，今天又将从开架管理走向新的闭架管理。

三、公共交往空间

在数字图书馆中，人与计算机的联系远比人与人之间的联系要多得多，而人们往往需要在获得知识的过程中，尽可能地认识更多的人，增加彼此之间的交流，体验共享的学习气氛。数字图书馆不能为用户提供传统图书馆中所形成的可感知的群体，也不能满足公共图书馆社会化的需要。在公共图书馆中，人们不仅可以获取更多的信息，也可以结识新的伙伴，感受到公共环境中的学习氛围。美国纽约大学法学院图书馆前馆长普赖斯曾经说过，"法学专业的学生中将法学院的图书馆当做是培养接触能力的关键场所，这是其他数字图书馆无

图 4-3　荷兰代尔夫特理工大学图书馆

法替代的"。

公共交流空间既可以融入阅读空间，也可以融入交通空间中。屋顶和外廊等辅助空间也可以被充分利用，成为人们交流的场所（图 4-3）。荷兰代尔夫特理工大学图书馆的主要建筑是一个巨大的楔形建筑，其倾斜的顶部覆盖着草坪，为学生和老师提供了一个步行和休憩的好场所。很多图书馆都在利用内部共享的公共空间来营造交流空间，并且取得了良好的成效。中国国家图书馆中庭的底部设计的成围合状的花坛、石凳，构成了一个富有吸引力的交流空间。

学术报告厅、展览厅、多功能厅都是交流的另一个特殊场所。通过举办各类学术讲座、阅读经典著作、科技文艺书籍辅导讲座、研究结果交流会、新书展示会等读者活动，达到人们相互沟通的目的。因为是在进行一个共同的主题活动，读者都聚集在一起分享着自己的生活，彼此之间的感情也在不自觉地拉近，所以这里就成了公共图书馆里最热闹的社交场所。

1. 入口区

在日常生活中，公共图书馆在社区中发挥着重要的信息作用，这是因为它们拥有庞大的读者群。由于读者数量多、节假日人流较多等特点，入口区应是一个聚散人流，提供教育、社交、考试、等待等多种服务的场所。在传统的公共图书馆中，这个区域通常配备有探测器、咨询台、存放行李的地方、标识标志和展示空间等。随着智慧化技术的发展，公共图书馆不仅是一个阅读和查阅资料的场所，同时还兼有朋友聚会的功能。因此，入口大厅通常会配备休息室、读者服务部、报刊亭和书吧等，入口区还会有配套的信息和咨询服务，这些服务也能满足所有的信息需求。

在信息化时代进行新的公共图书馆的规划中，不仅目录厅要为用户配备可供使用的终端设备，在阅览室、参考咨询处等读者活动场所，也要为信息查询配备可以直接用来查找文献的终端设备。并且在设计之初，还要考虑到电源供应、通信线路的布局和管线的预先埋设。利用数字图书馆的智慧技术，将以往的低效率的卡片检索改为计算机检索。新建的北京中国科学院文献信息中心新图书馆的入口区包括了全国范围内最全面的馆藏资源和最齐全的功能服务。新图书馆的入口区设有总服务台、存包处、总咨询台、检索区、标示区和信息区。因此，入口区需有足够的容量和适当的空间划分。

2. 展览陈列空间

在信息化时代，公共图书馆不但要有静态的阅读场所，也要有动态的活动场所，比如面向公众的各类小型展览和宣传活动，使其在社会和文化层面上发挥最大程度的作用。大型的公共图书馆也要考虑举行大型的书展、图书交易会和专题陈列等等。这种类型的展示空间一般有两种方式：一是设立专用的展厅、陈列室或专用的展示场所。第二个方法是将长廊、走道等与展品相结合进行布置。走廊具有交流空间和组织景观的作用，它与展厅空间的动态需求相融合，既可以提升空间的使用效率，又可以增加馆内空间的层次。这样的场所往往存在着大量的阅读活动，因此，在信息化的环境中，能够营造一种注重交流信息的人文气氛，反映了其独特的空间属性。

3. 报告厅

学术讲座是信息交流的一种重要形式。在信息化时代，公共图书馆是信息管理、共享和讨论的重要机构，报告厅是必不可少的。同时，在信息化时代，报告厅的类型和数量以及单个报告厅的面积都在增加。会议室必须满足投影、录像、扩音及其他用途等使用需求。

同时，公共图书馆也承担着教育功能。公共图书馆要充分发挥信息用户的主观能动性，为他们提供获取和利用信息所需的知识、技能和方法，使信息用户能够最大限度地实现信息的自我服务和自我满足，这也是公共图书馆教育职能的一个重要方面。公共图书馆必须提高信息用户的素质，加强用户对电子和全球信息咨询的训练。除了担负上述功能外，会议室、报告厅必须成为各种社会活动的重要场所。因此，会议室和报告厅已成为公共图书馆的重要社交场所。以学术报告厅为核心的公众区域应与图书馆保持一定的空间联系，同时保持相对的独立性。应在底层设置独立的出口，将参观者和参与者分开，这样就避免干扰图书馆其他活动的正常使用。

4. 中厅

许多公共图书馆在内部公用的空间周围营造交流空间，也获得了很好的成效。中国国家图书馆在中庭的底部设计的成围合状的花坛、石凳，形成了一个富有吸引力的交往空间。

5. 咖啡厅

美国的圣地亚哥联合论坛曾做过一次民意调研以确定一个地方图书馆应该具备什么样的设施和服务。调查显示，超过一半的公众支持在公共图书馆设立咖啡店。此外，在大阪府立图书馆、大阪市立图书馆、海牙市立图书馆、鹿特丹市图书馆，以及新南威尔士国立图书馆，都设有供读者使用的小餐馆或咖啡馆。还有一些公共图书馆为了让读者感到更加宽松和亲切，设立了各种各样使读者不觉得拘束的休闲场所。

在信息社会，我们将会发现，公众图书馆作为一个方便人与信息、人与人之间沟通的舒适场所，将成为市民的共同书房和第二起居室。

四、其他空间

在信息社会背景下，公共图书馆的其他职能还包括：信息情报中心、馆员工作与办公区域等。

1. 信息情报中心

这个区域，一般都布置在入口处，和出纳、检索部分在一个区域。在传统时期的公共图书馆中，这一部分所占的比重很小，或者根本没有，而近年来建设的智慧图书馆一般都新增了信息服务中心。公共图书馆作为一个主要的文化设施，其服务对象是社会公众，公共图书馆为广大群众提供了一个重要的文化空间，但是读者是一个多层次的群体，对于如何使用图书馆的能力也各不相同，因此，公共图书馆需要更高的信息处理水平。提高图书馆的服务工作水平，不仅取决于为读者所提供的书籍数量，还在于图书馆接待能力及信息的综合性、及时性和简明性。在信息化的社会，公众对情报信息的需求越来越大，以情报信息为主体的检索行为所占的比重也会越来越大，从而使图书馆的职能向情报中心过渡。

信息服务中心的工作涉及收集、加工、整理和保存各种信息，以及开展多种形式的信息服务。同时部分信息服务中心同时还与市场经济接轨，利用先进技术和设备建立跨地区、跨行业的信息网络，参与经济活动，并提供专题服务和跟踪服务来支持科研和生产。考虑到用户基数庞大，为满足多样化的用户需求，建筑设计的过程中需要留出足够的空间，通常可设置信息研究室、信息服务室和检索阅览室等。

信息服务台——在公共图书馆中承担着为读者提供准确而迅速地整理书籍和文献资料清单的工作。随着资料数量的激增和知识更新速度的加快，各学科相互渗透和分化，读者面临的主要问题是如何选择合适的资料。信息服务台的职责是为读者提供精选的清单和研究课题所需的背景材料，甚至提供清单上的文献摘要。在信息化时代，公共图书馆的信息服务中心将发挥更加完善的职能。

信息服务室可以设计成一个分隔开来的房间，也可以设计成一个开放式的服务台，均要求读者到馆后易看到、易通达；这部分还要留有弱电接口，便于使用电话、网络等。此外，还需设置读者的休息等候区、读者使用的电脑终端和馆员与咨询者交流的小室。

检索工具阅览室——信息时代使用电子计算机技术和光盘技术进行存储与检索。检索工具阅览室最好靠近目录厅、参考阅览室或期刊阅览室以及信息服务室。该空间应设计为相对独立的区域，不与其他功能空间合并，提供适量的阅览座位，其中一部分可以作为终端机或图书信息检索机的专座。此外，还需考虑磁盘、光盘、音像资料和缩微胶片的存储空间。

现如今国内已有部分公共图书馆设置了信息情报中心，但是目前利用率不高。尤其是各省级图书馆的综合性职能可能没有得到充分发挥。但随着信息时代的到来，图书馆的功能将更加充分地发挥作用。因此，在设计公共图书馆时应充分考虑信息情报中心部分的预留空间和规划。

2. 馆员工作与办公区域

现代化的图书馆要求工作人员不再是被动的管理者，而是主动为读者提供资料选择和解答文献来源的咨询专家。这种转变是由静态向动态的转变，同时也使得馆员的工作区越来越开放。除了行政办公室需保持独立外，其他直接为读者服务的工作区并非完全禁止读者进入。例如，工作室可以与阅览室结合，发挥模数空间一体化的优势。图书馆内部的采编和办公部分也会随着图书馆管理的变化而有所调整，数字化图书馆技术将极大改变采编工作的流程和范围。网络技术的发展进一步推动了图书馆的远程服务能力，在设计时应该考虑在适当的位置设置专门的计算机房。

信息研究室——供工作人员进行信息处理和研究的技术用房，也供从事各种项目研究的人员使用。它应位于静谧的区域，并配备计算机终端微型工作站、控制台、打印机和单个或者多个光盘运行机等设备，并提供足够资料存储的空间。

第五章
国内外典型案例研究

智慧化背景下的公共图书馆与传统图书馆相比较出现了一系列重大的变化，典型案例当数英国国家图书馆、法国国家图书馆和纽约公共图书馆，以及中国国家图书馆、重庆图书馆和上海市静安区图书馆。另外，还有一些中小型公共图书馆，它们从不同的方面代表了公共图书馆的发展方向。

第一节　国外案例研究

一、英国国家图书馆

1. 总体概况

英国国家图书馆是建筑师威尔逊的代表作品，他等待了 23 年才看到建筑物完工。威尔逊是英国建筑自由化的倡导者，其思想来源于哥特式风格复兴及其后来的赖特、阿尔托等人，他认为设计需要合理运用场地条件，并表明设计功能。该图书馆的用地是一个不规则的梯形，威尔逊通过设计一个前广场对地形作出回应。图书馆的红砖墙和石板瓦屋顶与旁边的老建筑形成紧密关系。

2. 平面布局与智慧化功能分析

图书馆在前面提供了一个很好的交流空间。这个空间包括一个广场，广场上设有许多座椅，即使在冬天，这些座椅的利用率也非常高。而在夏天，广场成为吸引人的、市民聚会的场所。在广场的右侧，通过设置一个完整的、静谧的户外读书区，英国国家图书馆使用"园"的形式来界定。整个广场满足了多种不同方式的使用需求，并且各个附属区域之间有着紧密的联系，完全没有破坏整体感。图书馆没有特意设置华丽气派的大楼梯来展示主入口的位置，然而，在这样的广场上，毫无疑问，任何人都可以很容易地找到入口。

不同的阅读需求导致了不同类型的阅览空间设计。正方形的人文类阅览室提供了大量的阅览座位，而线性的理工类阅览室则将开架和座位区域各占一半。两种类型的阅览室分别位于基地两端，沿着相邻道路延伸至后部，并通过门厅相交。门厅使得图书馆的两个正交体系相互调和，并以其不规则的空间形式起到过渡的作用。门厅的组织别有特色，是很好的共享空间：是由入口楼梯走向上层阅览室的过渡部分。几道"艺术之桥"横跨大厅上空，将人文类阅览室与理工类阅览室联系起来。阳光从高窗中洒下，随着行进的步伐，该空间沿着绵延的曲线天花板渐渐呈现。

休息大厅高而开阔，柔和的光线洒满整个空间。内部景观复杂并且具有多层次的立体感，形成了一个连续的空间，有着复杂而激动的内部景观和多层次的立体感。运用中厅式的设计手法布局组织空间，并提供了许多供休息和交流的座位。

读者入口大厅正对着一张出纳台，右侧是一张墙上挂着莎士比亚等英国著名人物的雕塑头像，给人一种翻开书页的感觉。大厅有多个入口，分别通向书店、展览厅和存包处。展览厅展示了各种不同的展览，包括关于书籍发展演变历史的展厅。在这里，人们不仅可以看到纸草书和羊皮书，了解羊皮书的制作过程，还可以看到电子版的、能够自动翻页的古本《唐人金刚经》和《中草药图谱》等。

在英国国家图书馆内的阅览空间设计中，两个引人注目的文史类阅览室采用了独特的形式。正方形的阅览空间被设计成类似梯田的形状，"L"形平面的夹层逐层上升并渐渐靠拢。暗含的对角轴线将整个空间分为内角和外角：内角是阅览室的中心，有入口和书籍传送通道；外角和下陷的天花板则标志着边界，并与外部世界相连。建筑师利用内角和外角的设计使阅览室更加整齐、宁静和安详，比门厅更加规整。另一个重要的设计理念是为不同类型的读者创造不同类型的阅览空间。有些空间更加私密，而有些则更加开放。每个宽敞的皮面桌子都配备了工作照明灯和手提电脑的数据接口。

在阅览室部分，英国国家图书馆采用了弹性建筑设计的概念。对于理工类阅览室而言，读者活动空间、开架空间和办公空间的不确定性是存在的重要问题。因此，威尔逊采取了弹性、开放和灵活可变的设计模式，构建了一个合理的空框，除却一系列连续规则的浅色人工地板而再无其他。为了满足文史类阅览室的巨大规模，并使空间易于识别，威尔逊在闭架阅览室中设计了一条狭窄的三层高天窗，让天光从高窗中倾斜而下，照亮通向上部夹层的楼梯。

在英国国家图书馆中，除了休息大厅之外，还有一些读者的公共交流区域。比如说，在理工类阅览室的远端东南角落有一个会议中心，它被从整体中分离出来并有独立的入口。主体建筑中不规则的门厅与规整的阅览室之间的对比再现于会议中心的扇形讲演大厅与梯形门厅之间。门厅内随意摆放的几组座椅成为人们聊天和喝咖啡的游憩空间，而讲演厅内的大型舷窗则被恰到好处地安置在讲演者和观众之间，面向外部世界。

地下书库是英国国家图书馆最昂贵且体现技术含量最高的部分，不仅书籍有序排列和方便存取，还首次在精确控制的大气环境中保存。同样重要的是，书籍传送系统的创新使得取书的过程从以往数日缩短到半小时。然而，威尔逊却选择不过度强调这点，他认为社交性比机械性更重要，图书馆的设计重点应该在于给来访者留下被款待的印象，而不是高度机械化的印象。作为国家级图书馆，英国国家图书馆虽然宏大，却让读者感到非常方便随意，读者可以轻松取书、喝咖啡、找到卫生间，或者参观展览。这些空间是容易区分的，而且独有感染力。已经参观过的人证实了这一点，他们去英国国家图书馆确实感到受到了款待。

英国数字图书馆的发展特点是强调混合型图书馆的发展。混合型图书馆是指处于传统图书馆、电子图书馆向数字图书馆过渡的阶段的图书馆。混合型图书馆的主要特点是采用可能应用的技术将各种元素融入图书馆中，使印刷资料和数字资料得以最好的利用，并为读者提供最多最合适的服务。

二、法国国家图书馆

1. 总体概况

法国国家图书馆新馆设计者是法国建筑大师多米尼克·彼埃尔（Dominique Perrault）。他的设计是在塞纳河畔建造一个巨大的长方体，四个角上设有四座 20 层高的塔楼，外墙覆盖玻璃幕墙。长方体底部是一个裙房，两端设有自动扶梯，将读者从地面带到图书馆入口。裙房中有一个花园院落，种植着松树、橡树、桦树等。设计者的想法是，在高塔下面的 7 层用作办公室，办公室后的 11 层用来存放书籍，剩下的两层用于种植花木。读者的借阅区位于裙房中的两层，最底层环绕着花园，为学者和研究人员的阅读区。

其中最著名的法国国家图书馆是他们在互联网盛行的 20 世纪末（1997 年）建立的法国国家数字图书馆 Gallica。这是法国国家图书馆的第一个数字图书馆。在 2000 年底，Gallica 经过扩展升级重新命名为 Gallica2000，增加了许多数字资源和功能。受到 Web2.0 技术浪潮的影响，2008 年，法国国家图书馆推出了 Gallica2.0 版本，加入了新的 Web2.0 技术应用。截至 2024 年 10 月，Gallica 的资源总数为 9 482 303 份。除了包含法国国家图书馆通过自建和共建获取的免费数字资源外，还有与出版社签订协议获取的现代法语书籍的开放版权资源。

2. 平面布局与智慧化功能分析

图书馆由四栋玻璃大厦组成，这些大厦都是书库，它们通过玻璃回廊连接在一起，回廊的内侧是宽敞明亮的阅览大厅，从这些阅览室的位置都可以透过玻璃回廊看到绿树成荫。阅览室分为上、下两层，上层是普通阅览室，下层是研究阅览室。图书馆通过几十条累计 8 千米长的轨道来实现自动化，在电脑的指令下，可以在 10 分钟内将图书送到读者手中。这也是法国图书馆自动化和高效率的体现。

图书馆内设有音乐厅、会议厅、书店、银行、邮局和停车场等设施。作为信息时代的公共图书馆建筑，除传统功能外，还需要具备信息服务、文化教育和生活服务等多项功能。在建筑设计时，必须考虑到这些发展趋势，并合理安排空间。在法国国家图书馆的建设过程中，法国政府在逐步完善设施的同时，还兴建了地铁和公交线路，将其建成了一个富有学术氛围的社区。

法国国家图书馆的数字资源建设经历了三个阶段和两种战略。第一阶段是在 20 世纪末至 21 世纪初，为了适应互联网的发展导致的资源保存方式、信息服务方式及用户信息需求行为的转变，法国国家图书馆创建了数字图书馆 Gallica。Gallica 在互联网上为用户免费提供了各种图书 1 000 幅彩色插图和历史线索介绍解说，组成了"查理一世皇帝时代"（1330-1380 年）的数据集。第二阶段是在 2000—2009 年，法国国家图书馆对 Gallica 进行了更多的投入，并创建了各种专用的主题数据库，如图像库、肖像库和珍本库。同时，Gallica 开始与其他图书馆、出版商和 Google 等进行数字化项目合作。第三阶段是 2009 年至今，Gallica 的数字化内容范围进一步扩大，从数字化法语特藏扩展到所有法语馆藏。但是，Gallica 与私人企业（如 Google）之间的合作变得更加保守。第三阶段采取的是"整体"数字化战略，Gallica 的目标是成为遗产图书馆和类百科全书的数字图书馆。然而，Gallica 的目标是致力于成为一个遗产图书馆和百科全书式的图书馆，但目前只有大约 20 万本数字化图书，而与此同时 Google 通过与世界各地的图书馆合作，已经扫描了 1500 万本图书，相比之下，Gallica 数字化资源数量过少，数字化进程缓慢。法国政府采取"整体"数字化战略的另一个原因是希望通过自身的数字资源建设掌握更多的法语数字资源，以保护和保存民族文化，而不受制于外国私人企业如 Google。

目前，Gallica 与 41 个合作伙伴合作，包括法国的图书馆、档案馆、博物馆以及美国的国会图书馆等国际机构，此外还与 15 个电子分销商合作。

Gallica 主页的"About"将其解释为"Une biblioth que collective"（一个集体或共有的图书馆）。通过法国国家图书馆和国际机构的共同努力，Gallica 发展成了一个独特的数字内容社区，提供丰富而又相互关联的数字化资源，并应用了 Web 2.0 技术和社交媒体。

三、纽约公共图书馆

1. 总体概况

美国最大的公共图书馆是纽约公共图书馆。该图书馆于 1895 年由阿斯特图书馆、伦诺克斯图书馆和蒂尔登信托公司合并而成。它的运营主要依靠捐款。截至 2024 年 10 月，馆藏超过 5 400 万册，其中包括图书期刊及文学和艺术界杰出人物的原创作品及手稿等。

纽约公共图书馆也是纽约公共图书馆系统的中心研究图书馆，负责管理分布在纽约市 3 个区的 3 个研究图书馆和 84 个分馆。持卡读者可以去当地的分馆借书。纽约公共图书馆是纽约城市文化重要的组成部分，已经成为该市文化生活中一道独特的景观，对知识传播、教育机会、娱乐和公益服务等方面发挥着关键的作用。

2. 平面布局与智慧化功能分析

图书馆主体是科研图书馆，该图书馆是一座宫殿式馆舍建筑，采用新古典主义风格。位于曼哈顿第五大道 40 街和 42 街之间，1911 年 5 月 23 日落成，门前有两个石雕卧狮，命名为"阿斯特狮"和"莱努克斯狮"，后来又俗称为"阿斯特先生"和"莱努克斯夫人"（虽然两只都是雄狮）。在大萧条时期，纽约市长拉瓜迪亚为了鼓励市民战胜经济危机，将这两座石狮取名为"忍耐"和"坚强"，现在纽约市民只是根据它们的位置俗称左面的（北方）为"上城"（居住区），右面的为"下城"（金融区）。

2005 年 3 月 3 日，纽约公共图书馆开始数字化进程，发布了"数字图库"，使读者有机会上网和查看电子书。数字图库在线提供 27.5 万张图片，有美国内战的照片和著名的早期美国地图的手稿。这些图片，只要不用作商业用途，都可以免费下载。

图书馆当时计划短期内将图片的数量增加到 50 万张，其中包括印刷物、手稿、照片、地图、明信片、香烟纸、目录、海报等。2016 年 1 月 6 日，纽约公共图书馆在网上发布了 18 万多张数字化的高清图片，其中包括有珍贵的手稿、地图、照片、乐谱、石版画、明信片及其他图像，并且都向民众免费开放。图片根据时间、色彩、风格或图书馆收藏进行分类排列，为了发挥图片的最大利用价值，纽约公共图书馆还特地开发了多款数字游戏和工具，以此增加趣味性。比如 Mansion Builder 这款游戏，人们可以用一个类似于"吃豆人"的蓝色小人畅游在 20 世纪早期的纽约市区。再比如通过"then-and-now"这款工具，人们可以比较 1911 年和 2015 年纽约第五大道的不同。"近年来，越来越多的图书馆和博物馆接受数字化，把成千上万的书籍和图片上传到网络供读者浏览。"纽约公共图书馆发言人表示，"我们这次上传近 20 万张可免费使用的高清图片，希望它将成为未来创造性使用的起点"。

2022 年 8 月 16 日，纽约公共图书馆与布鲁克林公共图书馆和皇后图书馆联手，推出"文化通行证"项目，向这三大公共图书馆每个 13 岁及以上持卡人提供免费访问所有五个行政区的 30 多个博物馆和文化机构的机会。图书馆持卡人可以登录"文化通行证"官网并使用自己的图书卡卡号和密码，选择想要参观的博物馆和文化机构预约时间，预订免费入场券。每位持卡人可同时预约最多两个文化机构的通行证，每年可至各文化机构免费参观一次，去之前既可打印通行证，也可直接出示手机电子版通行证入场。预约之后没有前往参观的持卡人，同一年内不能再预约。

四、丹麦技术大学（DTU）图书馆

1. 总体概况

丹麦技术大学位于丹麦哥本哈根市，是一所历史悠久的科技院校，同时也承担着丹麦国家信息技术中心的职能，由被誉为电磁学之父的丹麦物理学家奥斯特于 1829 年创立，其愿景是通过发展和利用自然科学和技术科学来造福社会。丹麦技术大学图书馆是一座具有多重职能的图书馆，既是丹麦技术大学的大学图书馆，也是服务当地居民的公共图书馆，还是丹麦国家信息技术中心。其基本使命是以用户为中心的、领先的创新型研究图书馆，支持 DTU 的研究、教育和合作。DTU 图书馆为读者提供每周 7 天、每天 24 小时全天候服务。

2. 平面布局与智慧化功能分析

自 2017 年起，随着智慧城市和智慧校园的建成，DTU 图书馆逐渐向智慧图书馆（DTU Smart Library）转型，其目标是打造一个世界级的学习中心，为学生、教师、研究人员和企业家提供智能技术的开发、测试、数据分析等服务。图书馆通过优化室内环境（如温度、照明和声学）和硬件设备提升使用者的学习和科研效果。

智慧服务主要体现在个人舒适度、技术性场地、开放数据存储和环保经济可持续性四个方面。图书馆设计以用户舒适度为中心的学习区域，通过智能设备实时调节气温、光线、通风、湿度和噪声等，创造适合阅读和学习的环境，并通过智能监控保障用户和设施的安全。馆内的阅读设备和体验设备可以根据用户的需求进行定制和调试，馆内物理资源的维护及清洁都依靠智慧图书馆的先进技术实时更新，使用户无需等待即可使用设备和资源。在技术场地方面，通过物联网实现多种传感器并行运作，助力用户对资源的使用，包括 Wifi、蓝牙、麦克风、光线测量器、风速计、空气检测仪、摄像头等智能配件。图书馆中的设备本身承担了一些科研项目的运作，如声学项目、动态光源项目、室内空气项目等。在开放数据存储方面，图书馆提供其在自身运作中收集到的数据和与之涉及学科有关的开放数据供用户使用，用户可以通过其提供的智能设备传感器对数据进行实时归类和分析。DTU 图书馆还提供多种数据分析工具，其数据库和工具均可用于促进用户科研项目的实施，提升用户或馆员的数据素养。在环保与经济可持续性方面，DTU 智慧图书馆倡导绿色节约理念，不会造成资源浪费或环境污染。该馆为用户提供一系列延伸服务，将数据—科研—校园—就业连接起来，与用户结成长久的伙伴关系，并与相关组织、企业创建多级合作网络，在用户有后续需求时同样提供帮助。

DTU 智慧图书馆的案例突出了"实时服务"和"合作网络"概念。在技术和设备方面，它利用自身的定位和人员，提供了点对点、动态的全方位读者服务，确保读者体验的舒适和便利。同时，基于该馆的科研性质，实时数据传输为用户提供了良好的信息科技体验，满足了使用者在学习、科研和商业方面的需求。DTU 智慧图书馆不仅关注现有用户，还将服务扩展到过往用户和潜在用户，如学生、教师、科研人员、企业和社会组织等。通过扩大服务时间范围，建立系统化的合作网络，确保多方的信息互通，从而实现"智慧"响应。

智慧化背景下公共图书馆空间优化研究

五、其他图书馆

日本仙台媒体中心，是日本仙台市一个跨世纪的文化工程，它由原艺术博物馆、青叶区图书馆、影像中心和为残疾人服务的视听中心四大功能模块组成。该中心的建筑面积为 2.1 万平方米，于 2001 年完工。该中心的建设目标是为市民提供各种载体的知识资源和发表成果与作品的渠道，以促进知识的探索和创造活动。

文化森林公园，位于日本德岛县德岛市，距离市中心 5 千米，是一个综合公园。该公园内设有图书馆、博物馆、近代美术馆、档案馆和 21 世纪馆等 5 个文化机构。这些机构经常合作展开地区性的文化计划或组织多样化的文化活动，取得了良好的效果。

文化屋（Kulturhus），在北欧地区比较流行，是指在同一屋檐下、在同一管理制度下开展各种不同的文化活动，包括书店、公共图书馆以及与银行、邮局、社区中心的合作项目。在这些联合体中，公共图书馆通常发挥着核心的作用。

第二节 国内案例研究

一、中国国家图书馆

1. 总体概况

中国国家图书馆总馆北区、总馆南区、古籍馆三处馆舍并立，总建筑面积28万平方米，居世界国家图书馆第三位。馆内设有19层的地上书目录厅和3层的地下书库，馆藏文献超4 423万件并以每年百万册件速度增长。

作为一家综合性研究图书馆，中国国家图书馆兼具国家总书库的职责，承担着搜集、加工、存储、研究、利用和传播知识信息的重要任务。它不仅是全国图书馆标准化、规范化、数字化、网络化建设中的骨干机构，还承担着为中央国家领导机关、重点科研、教育和生产单位以及社会公众提供服务的重要任务。它负责全国范围内的图书馆业务辅导，并开展图书馆学研究。同时，国家图书馆代表国家执行有关对外文化协定，与国内外图书馆界开展交流与合作。国家图书馆的重要地位和多项职责使其成为中国图书馆事业的中坚力量。

2. 平面布局与智慧化功能分析

图书馆的总体布局以高层书库为中心，并采用了"工"字或"田"字形的变异布局方式，四个阅览室环绕在书库的四周。整个平面布局形成了三个内院，使图书馆与园林结合，馆中有园的建筑群体，很是接近人的尺度。

建筑群体的组合平面采用严谨的对称布局，考虑到位于白石桥路上的城市街景需求，读者总入口设计朝东。工作人员则可以从北面入口进入。具有1 200个座位的报告厅独立布置在主体建筑的东北角，也可以从白石桥路直接进入，不会干扰到图书馆内的运行。

该图书馆采用三线藏书管理方式，各类学科性阅览室布置在综合阅览室附近，摆放较新的图书馆藏资料，供读者借阅。由于图书馆规模较大且功能复杂，为了合理组织人流和书流，采用了分层布置。工作用房位于底层，外借、报刊以及普通阅览等读者活动量大的房间位于二层（主层），研究阅览室和专业阅览室则位于三、四层。同时，采用单元组合形式，将性质相近的阅览室、研究室和业务与管理用房分别组成单元，并相互毗邻，采用"日"字形环形交通路线，使各单元之间相互连接，为使用和管理提供了方便的条件。

该图书馆实行全年365天开馆制度，共设有49个阅览室。根据调查，到馆使用者中有50%为学生，20%为科研机构人员，其余来自公司企业等不同社会层面，以报纸期刊和社会类图书为主要阅读对象。

二、重庆图书馆

1. 总体概况

重庆图书馆初为民国中央图书馆重庆分馆，后为纪念美国罗斯福总统而改名为国立罗斯福图书馆，是当时中国五个国立图书馆之一，总面积达2.2万平方米。经过70年的发展，形成了在国内外具有影响力的民国时期出版物、古籍线装书和联合国资料三个独特的馆藏特色。经建筑设计师重新诠释后，图书馆焕然一新，成为一个占地5万平方米的城市综合体，成功地从原先的图书储藏建筑转变为一个文化中心，拥有公共演讲厅、展览厅、开放式电脑学习区域、古籍档案室和阅览室等功能。此外，图书馆还设有酒店客房设施和用于举办研讨会的会议中心。

为了打造重庆的新地标，并突显公共图书馆的开放理念，该建筑的外墙几乎全部采用了玻璃材料，使室外观众能够一览建筑内部的景观和各种活动。玻璃幕墙上印有各种名人名言，涵盖了从毛主席、罗斯福总统等国家领导人到苏格拉底、孔子等著名哲学家的名言，进一步展示了"终身学习"对个人和整个社会的深远意义。

2. 平面布局与智慧化功能分析

重庆图书馆的建筑布局采用了中国传统庭院的形式，同时内部多层中庭借鉴了传统西方图书馆的设计理念。但是，图书馆的庭院结构并没有完全照搬传统形式，而是与建筑外部空间融为一体，创造了一种视觉上的和谐感。当读者步入图书馆时，首先映入眼帘的是一个充满雕塑感的倒影水池，水从层层台阶中逐渐下降，最终流入位于人行道下方的中心庭院。该庭院采用下沉模式，巧妙地遮挡了来自城市街道的噪声和影响，成为城市中的一个绿洲，给读者营造出宁静的自然环境。

新馆的藏书数量达到 500 万册，每天可以为 5 000 人次提供优质服务。图书馆内部划分为六个主要功能区域，包括行政服务区、业务加工区、读者服务区、会展培训区（包括一个可容纳 408 人的学术报告厅、一个多功能厅和培训中心、一个展览厅、一个读者餐厅和一家招待所）、共享服务区（包括检索、咨询、接待、读者服务部等），以及车库设备区。主入口位于与凤天大道垂直相交的支路上，并通过广场空间与街道相连。此外，图书馆还设置了位于东北角和东南角的次入口，与凤天大道紧密相邻。图书馆主入口前的一个类似矩形的区域被定义为重庆图书馆的外向性中介空间。

作为全国首个"开放式无感智慧借阅系统"的启用场馆，重庆图书馆走在了全行业的最前端。为了让大家借书更便捷，重庆图书馆还开通"无感借阅"专用通道，读者选好书后系统将自动识别，便捷快速通过闸道。除此以外，重庆图书馆打造了"智慧重图微体验区"，体验区引入了数字孪生、大数据分析、AI 等先进技术，创新打造了"重图映像""智慧小图""百变化身""数字藏品""智能云游""VR 阅读""大咖讲书""智慧书架"8 个智慧服务场景。读者能一站式体验对话数字馆员、云游孪生重图、触碰三维虚拟古籍等种种乐趣。例如，"数字藏品"场景中，在全景扫描及数字化建模应用的帮助下，重庆图书馆的重要文献、珍贵藏品都被三维化，读者可在这里体验 AR 全景数字藏品鉴赏。

三、上海市静安区图书馆

1. 总体概况

上海市静安区图书馆建于 1959 年，2018 年 4 月被文化部评定为国家一级公共图书馆，由三个馆舍组成。近年来，静安区图书馆不断推进智慧服务，主要从硬件平台服务和多元人文环境创设两个方面开展图书馆服务的智慧化建设。

2. 平面布局与智慧化功能分析

静安区图书馆在硬件平台服务方面提供了三种智慧服务：社区 24 小时自助图书馆、流动图书车以及"智"文化服务平台。截至 2018 年 11 月，静安区图书馆已经开通了全天候为市民提供服务。这些自助图书馆结合了传统图书馆、数字图书馆和智能图书馆的功能，借助智能控制系统和数字终端设备，读者可以进行自助办证、借还、查询等服务，并享受移动阅读的便利。流动图书车是通过改造中型客车而成，车载专用书架、车载服务终端，每周定时在繁华商圈行驶，满足市民碎片化阅读的需求。而"智"文化服务平台则是为静安区图书馆开设的数字文化平台，提供个性化的读者服务，根据读者需求推送和投放平台活动信息，读者可以运用这个平台查询和预约文化活动，同时，该平台也收集读者在各个文化场馆活动的数据，并提供个性化的推荐。

在多元人文环境创设方面，静安区图书馆提供多样化的服务和智慧馆员。除了传统的阅读服务外，图书馆还提供艺术、历史、时尚、时事等多元化的文化活动，并为市民提供贴近生活的"市民讲坛"服务。同时，图书馆在商务楼宇中设立"都市书坊"，引导商务人士进行阅读和交流；关注残障人士，定期组织残障人士进行阅读交流。静安区图书馆将智慧馆员定义为拥有专业基础知识和现代信息素养及具备应用、沟通和管理能力的馆员，要求他们保持学习热情，并具备较高的信息技术掌握能力。

静安区图书馆的智慧服务可概括为"硬智慧"和"软智慧"两个方面，集拥有先进技术设备的智能图书馆和多功能的复合图书馆为一体，一方面关注信息、技术、空间等硬件和物理因素，另一方面关注人员、管理和环境等软实力因素，并且二者能够融为一体。良好的智能设施在发挥作用的同时也增加了服务空间，延长了服务时间，提升了服务效率和人员的素养。

第三节　案例总结

　　本章主要介绍分析了法国国家图书馆、英国国家图书馆、纽约公共图书馆、中国国家图书馆、重庆图书馆等，这是比较接近智慧背景下公共图书馆模式的例子。尽管和发达国家比较起来，在数字化程度、休闲空间的设计、书库的机械化程度、图书馆的综合性、人们对于图书馆的利用率等方面尚有差距，但是我国的公共图书馆也正在这些方面努力进步，同时我国的图书馆功能设置更接近国情需要。

　　通过本章节的案例分析，我们可以从以下方面总结出在智慧化背景下走在前沿的智慧化公共图书馆的特点。

一、功能全面数字化

　　当前，全球各国都在紧锣密鼓地建设数字图书馆。一些标志性的工程项目包括由英国、美国、法国、日本、德国、加拿大、意大利和俄罗斯8个国家的国家图书馆参与的"GS全球数字图书馆联盟"，美国国会图书馆的"美国追忆"计划以及联合国教科文组织的"世界追忆"计划等。在中国，图书馆的网络化建设始于20世纪90年代中期。中国公共分组数据交换网、全国数字数据网和中国教育科研网的建成为图书馆的网络化发展提供了良好的条件。1997年，中国国家图书馆、上海市图书馆、南京图书馆、广东中山图书馆、深圳图书馆和辽宁省图书馆联合开展了"中国实验型数字图书馆"研究项目，初步取得了在数字资源的设计、专用软件工具和检索标准化方面的成果。1998年8月，国家图书馆、清华大学、北京大学和中国科学院等单位共同参与组织了中国数字图书馆工程。截至目前，中国数字图书馆已先后启动技术支撑、环境建设主导、资源建设主导、服务体系主导、标准规范建设主导项目58个，工程承建单位已超27个。

　　据国内外的资料显示，公共图书馆已经在实施数字图书馆计划，并取得了一些阶段性的成果。随着信息时代的深入发展，公共图书馆的功能将全面实现数字化。这意味着图书馆的书库空间将会减小，长时间不使用的书籍将被放置在专门的藏书库中。专门书库的位置可以在相对偏僻的地方，与总馆有一定的距离。多媒体和电子阅览室将逐渐消失，各个阅览室将配备多媒体设备，个人阅读空间将增大。公共图书馆之间以及图书馆与家庭、办公等各种场所将联网，公共图书馆的资料将在图书馆以外的地方完全获取。因此，图书馆作为信息中心的地位将逐渐减弱，而作为交流中心的角色将逐渐增强。在建筑空间设计上，我们需要设置足够的公共图书馆内的交流空间，如报告厅、展示空间、咖啡座等休闲空间，以及中厅、内院、走廊、阳台和屋顶等交流空间。

二、综合性设计

综合性有两个方面的含义：一方面，它指的是公共图书馆本身功能的增加和扩展；另一方面，它还涉及公共图书馆与其他公共建筑（如博物馆、档案馆等）合建或位置临近，共同构建一个综合性的文化共享空间。

1. 文化性设计

文化性是现代公共图书馆的一个重要特点，它是一个信息情报的自选商场，人与书直接进行对话。在信息时代，公共图书馆强调了与人全面接触，提供多样化的情报信息服务。公共图书馆将成为人们终身教育的中心。终身教育的概念强调了个人在学校毕业后仍然需要继续学习、掌握技能的重要性。联合国教科文组织继续教育部的保罗·郎格朗（P. Lengrand）提出了这一概念。据美国工程教育协会的估计，在大学毕业的科技人员中，只有12.5%的科技知识来自大学课程，其余的87.5%是通过工作后的再学习获得的。这就强调了社会中的个人在毕业后继续学习知识和技能的重要性，而公共图书馆扮演着为公众提供再教育的角色。公共图书馆不仅提供丰富的自选信息资源，还开展各种培训和讲座活动。杭州市图书馆每周都会举办"艺启·中国艺术史"系列活动，及针对青少年的"阅读派"系列活动等。

2. 休闲娱乐性

舒茨在谈到公共图书馆的社会功能时说："……我没有见过哪个读者在电脑上看长篇文章，不少读者来图书馆不一定是为了看某一特定的东西，而是随便浏览一下，看看有什么值得一看的东西，或是来会会老朋友，我们把公共图书馆比作了第二起居室。"在信息时代，由于人与机器交流的方便，人与人的沟通变得尤为重要，"第二起居室"的功能会得到更加全面而深刻的诠释。

几乎每个新建的公共图书馆都将休闲娱乐设施视为其建筑的重要组成部分。上海图书馆淮海路馆，它包括两个宽敞的展示厅、一个上下两层共 764 个座位的报告厅、一个 300 多个座位的多功能厅和四个学术会议室，此外，还设有音乐欣赏室、放映室、视听室和钢琴室等视听服务设施。在图书馆中，不仅可以举办国际性的大型展览会、报告会和研讨会，还可以放映电影、录像或进行各种文艺演出。此外，吸引青少年的文化设施和服务活动在许多公共图书馆设立，公共图书馆还利用自身独特的文化场地和设施，举办各种艺术活动，例如美国国会图书馆每年举办各种室内演讲和研讨会、音乐演奏会等。

3. 人性化设计

在信息时代，公共图书馆不仅要满足使用功能，还更注重满足人们多样的精神需求。人的需求是多层次的，图书馆不仅要提供多种空间形式，以容纳场内活动，同时图书馆的空间设计应考虑到人的心理满足和控制，以支持持久、健康的图书活动。这些特征使图书馆空间既方便、适用、安全，又认同、愉悦，体现了对人的关心，例如空间的通透性、模糊性、多样性、流动性和综合性等特征。此外，人性化的设计也应考虑到交流角等空间的设置，同时在家具设计时考虑人性化的设计，如美国洛杉矶 Cerritos 公共图书馆就有适合不同身高儿童的电脑台。

信息时代的公共图书馆还注重无障碍设计，确保身体不便的人享有与正常人一样的权利，因此在信息时代下公共图书馆在这一方面需要比传统公共图书馆给予更多的关注。在建筑设计上，公共图书馆应考虑到空间的多样性，设置各种形式的阅览室、阅览桌和个人用的研究小间。交流空间的形式也应多层次多样化，包括报告厅、会议室以及中庭、内院、走廊、阳台等处的交流空间。在目录检索、阅览室和开架书库等空间内，应考虑到儿童的需求，设计适宜人们使用的检索台、阅览桌椅和富有情趣的阅览空间，以及适合临时搭建表演台的场所，为人们创造他们喜欢的空间提供充分的余地。

随着信息时代的到来，公共图书馆的家具和设备也需要与之相适应。在如今信息技术高速发展的时代，图书馆的许多空间经常需要处理计算机多媒体的演示问题。例如贵宾接待室、会议厅、报告厅、多功能厅等，在有条件的情况下，均应该设计能够进行计算机网络大屏幕演讲的建筑设计并配备相应的设备。

4. 弹性设计

在信息时代，公共图书馆不仅仅追求数字化，还朝向综合性的方向发展，成为一个集文化、休闲和娱乐为一体的多功能场所。因此，图书馆空间需要具备可变性和流动性，智慧化阅览室逐渐取代了传统的阅览室。所以公共图书馆的设计会强调弹性设计。"弹性"这个词在图书馆建筑中又有新的意义，亦即要能提供空间给非印刷资料及取代人工操作的自动化系统。今日的弹性，其意义已不只是能够将图书馆内部近似空间重新规划，而且能够任意变更空间的功能，以适应馆藏与读者的增长和变化。体现在建筑设计上就是把交通空间作为一个部分，剩下的部分设计为大空间，便于各个部分功能的重新调整和空间的重新划分。在图书馆的空间布局方面。南方科技大学图书馆为便于模数化的藏书区和阅览区日后互换，顶层是供开架阅览使用的近3 800平方米的开敞式大空间，整层结构板均按藏书区荷载来设计，柱跨统一为8 400毫米×10 800毫米。

第六章

智慧化背景下公共图书馆空间优化的愿景、原则与路径

　　随着社会信息化的不断推进，读者获取知识的途径愈发多样化。互联网技术的迅速发展和电子阅读的兴起使得图书馆的到馆人数和借阅咨询量都在逐渐下降。作为设计师，不仅需要注意到技术变革对社会各行各业提出的新的应变需求，而且不能忽视信息技术变革对图书馆功能设计带来的巨大冲击和影响。新的社会变革为建筑设计创造了全新的发展机遇和生存条件，公共图书馆功能设计的变革势在必行。建筑师以及从事图书管理工作的相关人员应主动应变，敢于创新，大胆探索，将图书馆功能设计与新的技术、新的需求以及新的社会模式紧密结合，就能改善甚至改变当代图书馆面临的矛盾，让越来越多的读者来到图书馆，体验阅读乐趣。阮冈纳赞说："图书馆是一个生长着的有机体。"图书馆的功能会随着政治、经济、文化、技术等的发展而不断发展变化。所以，信息化时代背景下，公共图书馆建筑功能更新与优化势在必行。

第一节　智慧图书馆的服务愿景

一、服务场所泛在化

当前，社会和行业服务正呈现出泛在化的趋势，为用户提供多样化的服务使他们能够在任何地方获得满意的服务已成为组织获胜的关键。智慧图书馆通过引入物联网等新技术，将图书馆打造成一个虚拟和实际相结合的智能感知空间，实现了馆与馆、人与人、人与书、书与书之间的关联，从而大大拓展了图书馆服务的空间。不论用户身在何处，图书馆都能与其相连。智慧图书馆的三位一体空间布局突破了时间和地点的限制，使各个要素之间的协作运行不再受时间和环境等因素的限制。通过全方位、立体化的服务布局，如到馆、到身边、到桌面和到终端等，为用户提供服务，使用户可以在任何场所、任何时间都能获得图书馆的服务。因此，在信息化时代的背景下，公共图书馆的功能需要不断更新和优化，以满足用户的需求。

二、服务空间虚拟化

智慧图书馆是具有虚拟现实功能的图书馆。通过引入虚拟现实和增强现实技术，实现服务空间的虚实结合，让用户不仅在任何环境下都能够将其视觉、听觉、触觉等完全浸没在计算机模拟的图书馆空间中，同时还能在虚拟场景的辅助下更好地与图书馆的真实场景进行交互，感受真正的"一机在手，服务随行"的图书馆服务。举例来说，智慧图书馆通过建立 3D 虚拟场景，整合图书馆的数据库系统、信息检索、咨询和电子阅读等功能，构建了图书馆仿真系统，打造了虚拟图书馆。用户只需登录系统，就能够看到完整的图书馆建筑、内部空间布局和人流状况等，可以详细了解每个楼层、每个书架和每本书在图书馆中的位置分布。这样，用户无需出门，便可在虚拟图书馆中自由浏览，了解、查找，并获取所需的服务和资源。

三、服务手段智能化

高度智能化是智慧图书馆突出的特征之一，网络信息技术的应用为图书馆资源定位、推送、定制和管理等服务的智能化创造了条件。例如，RFID 技术的引入为解放那些处于图书馆借还书和图书上架等业务流程中的图书馆员提供了可能，给用户带来了更加便捷和高效率的服务；智能代理（Intelligence）技术具有接受用户指令并帮助其完成任务的能力，该技术的应用使得图书馆在不受人工干预的情况下，便能够为用户提供迅速、准确和个性化的服务，如清华大学的"小图"机器人和南京大学的"图宝"机器人等，利用大数据分析技术对图书馆收集的用户信息进行分析，以了解用户的需求，并利用海量的科研数据为他们提供更加个性化的服务。同时，在数据挖掘和云计算等技术和工具的支持下，图书馆还可以为用户提供更为深入的智能分析和知识服务。例如，华东师范大学在大数据分析技术领域的应用。

四、服务方式集成化

智慧图书馆的实现离不开物联网技术的应用，它可以将图书馆的资源、人员和设备等要素进行整合和联系，形成一个互联的图书馆集成系统。这种系统能够实现虚实结合，将图书馆的建筑形态、资源和服务等要素融为一体。相比过去读者与物理图书馆、图书馆管理系统和图书等的单向服务形式，智慧图书馆则是通过多向网状服务，使得用户可以在复杂多样的服务过程中快速、自由地进行关联和切换。这样用户可以以最小的成本和最短的时间获取所需的资源和服务。

五、服务内容知识化

知识化是智慧化的基础，也是智慧化的目标。从传统图书馆到智慧图书馆，从文献服务到智慧服务，在现代智能技术的辅助下，图书馆的服务能力也在不断地提升，服务内容从粗放的文献单元向深层次挖掘的、精准的知识单元转变。智慧图书馆通过网络化、立体化的管理模式以及自动感知读者、设备、信息资源等要素的图书馆管理系统，收集大量来自用户和图书馆自身的数据，为实施个性化的知识服务打下了基础。在人工智能和大数据技术的支持下，智慧图书馆能够从海量的数据中发现知识，并将其转化为智慧和知识产品提供给用户。此外，智慧图书馆环境下，用户对馆员的知识和能力提出了更高的要求。传统的指导式和引导式馆员服务已经无法满足他们的需求，他们更需要馆员提供能够解决问题的方案或有助于问题解决的智慧和知识内容。

六、服务体验满意化

图书馆的最终目标是为用户提供满意的服务，并且这也是评价图书馆服务质量的核心标准。智慧图书馆以"以人为本"为核心理念，通过引入智能技术来构建全方位的服务环境，扩大图书馆的服务范围，优化服务手段和方式，为用户提供个性化、精准化的服务，让用户在无意间获得并依赖图书馆的服务。随着智能技术的应用和图书馆馆员的智慧服务能力的提升，智慧图书馆将不断适应时代的变化，通过更加人文的服务方式满足并超越用户的期望，从而赢得用户对图书馆的高度认可。

第二节 智慧图书馆空间体系优化设计原则

从历史上来看，科学事物的发展从来离不开其所处的时代背景，其发展规律也与人的行为和需求息息相关。数字化时代给予了人们高效便捷的信息高速通路，而随着信息的获取变得简便和不受时空限制，传统的高校图书馆，这一作为高校学术的集大成者建筑的人气与地位受到了前所未有的挑战。借用《周易》中一句话："穷则变，变则通，通则久。"诚然，其精髓"变通"二字在今天仍然极具指导意义。那么，顺应数字时代下读者行为与需求的变化，创造适应数字化时代产物与读者使用完美契合的复合化灵活空间体系，加强空间与读者的双向交互，满足读者物质与精神方面的双重需求，是公共图书馆进行内部空间优化时所要遵循的方向与原则。

一、空间体系由"以书为本"向"以人为本"的转变

随着社会的进步，科学技术与经济发展突破了空间的高度，许多领域内的传统模式均发生了悄无声息的变化。在建筑学领域中，公共图书馆建筑正跟随时代发展变化，打破传统理念的束缚，伴随着互联网媒体和数字化技术的不断发展，"读者行为与体验"的思想理念在建筑学领域和图书馆学领域中不断发酵，达到了空前的高度，关于这方面的研究和讨论，亦逐渐增多，这预示着传统的公共图书馆内空间体系的设计，似乎得到了全新的方法与结论。

传统的公共图书馆内部空间体系秉持着"以书为本"的主导理念，强调书籍在图书馆建筑中的绝对地位，是馆内的核心、价值、主体所在，绝大多数图书馆以藏书量的多少来评判图书馆建筑的规模。如今数字技术不断发展，虚拟馆藏资源开始进入公共图书馆，在馆藏中占据了一席之地，馆内读者的学习、阅览也随之变得多元化；国家文化教育资源逐年完善，社会上复合型人才的需求量逐年增加，种种迹象的出现导致了公共图书馆的读者功能需求发生了变化，安静阅览、借书还书已然不能完全满足读者需求。传统图书馆的藏书空间比例

过于庞大，读者密度逐渐降低，又没有足够的面积来展开规划新型功能空间，久而久之，公共图书馆的使用率长期走低。

为突破瓶颈束缚，给读者更为优质的服务。传统的"以书为本"的体系模式应退出历史的舞台，取而代之的是"以人为本"的空间体系模式。公共图书馆应充分关注读者用户的需求和行为模式，将馆内的空间体系进行人性化改造调整，使读者用户能够便捷、高效地完成人与信息或人与人的需求互动。

为充分保证公共图书馆的空间全力为人服务，则应充分考虑人在馆内的功能需求，全部设计均应以读者为中心。以充分满足需求为核心，以舒适性为导向，以人性化为特征，给予读者充分关怀。在大数据的调研下以充分尊重读者的数据结论布置功能空间，最大化地提升空间的利用率；在每种功能模块下以读者的行为特征为依据，提升读者的使用效率和体验感；在细节处理上应重视读者个性化的需求，在空间环境、家具布置等层面上充分给予读者使用的舒适感，并增加读者的领域感，使读者在归属感十足的环境中高效完成学习、科研、交互、社交的各种需求。

二、传统功能空间与数字化功能空间相辅共存

1987 年 9 月，一封意为"越过长城，走向世界"的邮件由清华大学发送到德国，这封邮件是中国人使用互联网的序幕。经过了 30 余年的飞速发展，如今的数字化、信息化的技术已然引领了时代的潮流和社会的发展，改变了人们的日常行为习惯、学习模式、交流途径等。时代发展的背景几乎使整个世界的面貌发生了极大的改变，公共图书馆建筑的发展也必然离不开数字化的背景。随着网络技术的革新，尖端科技产品的发展，数字时代已经完全进入公共图书馆中，影响着每一位读者学习和交流，数字化技术的发展体现着时代的精神，顺应时代潮流，充分学习研究馆内数字化空间体系，对于公共图书馆在未来发展中长久屹立具有重要意义。

数字化空间十足的公共图书馆好似一张充满了信息交互行为的互联网，可以满足馆内交流互动，信息取阅的"局域网"行为，更是可以实现"一机一世界"的全球信息漫游交互。互联网技术的发展为公共图书馆带来了虚拟馆藏，虚拟馆藏为公共用户带来了全新的学习、阅览模式，新型的数字化终端设备亦为公共图书馆内用户的交流、互动带来了全新的模式。崭新的馆内信息获取与交互维度就此产生，对传统馆内的信息维度造成冲击。不过，冲击不意味着取

代，数字化空间的诞生亦并不意味着传统空间的土崩瓦解，书籍虽然在新兴阅览模式下在逐渐丧失原有的优势，但其凭借可触摸的信息载体及传统阅读模式依旧保有相当的地位。两种信息获取模式都是为了更好地服务于读者，多重选择性也丰富了读者获取知识的渠道，二者相辅相成，繁荣共生。

公共图书馆传统功能空间以书为核心布置，较为死板，且交互模式较为单一；而数字化功能空间富有灵动性，十分灵活，可以引发出多种形式、维度的交互行为，空间界面、空间形态十分前卫且设计感十足。两种功能空间形式既是传统与未来的碰撞也是古典与科技的碰撞。因此，在图书馆空间体系的优化设计上，应将两种空间形式充分融合互补，使其和谐共生，相伴而成，着力为用户设身处地地服务，为其提供多优势集成的学习环境。

三、转变公共图书馆内传统管理模式

早在 2011 年，美国阿尔弗莱特大学图书馆馆员 Brain T. Sullivan 曾预言城市公共图书馆将被信息化过程所淘汰。而在 2012 年，这种危机感和严峻感又被提起和放大，多数公共图书馆已经明显感受到用户数量的下滑，传统的馆内的业务流程和管理模式已经不再适合数字时代下的高校图书馆建筑了。数字时代飞速发展，智能化与人类产生的根深蒂固的联系已经深入社会的各行各业，图书馆界也不例外，未来的公共图书馆管理模式必然会向高效化、复合化、数字化、精英化的趋势发展，而管理服务人才亦会有精简化、精英化的趋势转变。

2017 年 5 月，位于世界排名第一的围棋天才柯洁在与顶级智能 AI 围棋程序 AlphaGo 的人机世纪对决中以 0：3 的比分落败，这是人类棋手在与顶级智能程序对决的第二次也是全部两次的失败。数字技术已经发展到了空前的高度，并已经有足够的学习能力来完成人类可以胜任的事情。传统的公共图书馆迎来数字化冲击的压力面前势必朝着数字化的趋势发生变革，馆内新型的数字化空间、数字化交互模式、数字化技术、数字化界面等如若全然采取传统的管理和服务模式势必效率低下，且无法满足需求，所以传统的空间需要优化、传统的模式亦需要改变，创新更加便捷、高效的管理服务模式，才能使公共图书馆内空间优化如鱼得水，爆发出持续的活力。

未来公共图书馆的管理服务模式应使智能和高效并存。行政管理模式垂直化分布，每个模块设有专题管理组，设立协调部门，加速服务速度与沟通反馈效率，较为初始、量化的服务内容可借助智能化手段完成。同时高校图书馆应时刻保持与时俱进，设立创新工作组，时刻引导管理服务模式与时代接轨，及时进行改革改造，形成读者优质空间体验与先进管理服务模式的正向循环优势。

四、彰显时代人文精神

公共图书馆是展现一个城市历史文化、精神内涵的重要建筑，因此公共图书馆是展现城市精神面貌的一枚标签。地方的地域文化是地方经过长期的经济发展、社会进步、文化蕴涵逐步形成的，具有强烈的象征意义。公共图书馆的设计要与当地的地域文化相契合，空间格局、材料选取等元素可与地域文化产生呼应，同时还应充分展示城市文化精神。

公共图书馆的发展亦离不开时代的发展，与时俱进是永恒的主题。历史总会在淘汰中给予我们新的东西，然后伴随着新的淘汰形成新的历史，往复循环。牢牢把握住当下时代给予我们精神共鸣的事物，带到高校图书馆的空间体系规划中，使其给予读者参与感和归属感，引起情感和精神的共鸣，是这个时代的人文精神给予图书馆空间的设计灵感。

第三节 智慧图书馆空间体系优化设计方法

建筑的空间体系优化需要从整体出发，托马斯·史密特在《建筑形式的逻辑概念》一书中对于宏观思维有如下阐释："人们应如何应付，才能相应地过滤出最重要的东西，而不至于丢失掉。只有通过逻辑与原理，才能远离隐藏在每件事物当中，必须经过剖析方可被知。对于原理人们是可掌握的，但不计其数的细节则不能，细节的事情人们可以通过原理来操纵。这种方法被称为——宏观思维。"在拉斐尔和丢勒时期，中央透视法的根深蒂固使得人们的思想、被严重支配和限制住。如今，数字信息交互背景下的传统公共图书馆空间群显然已无法满足当下读者在学习、阅览、科研、社交时候产生的"不计其数的细节"，而此时，建筑师们宜采用一定量的可掌握的方法、建筑语汇、空间元素来对公共图书馆内空间群进行优化重整，用宏观思维调控整体布局，脱离以往局限的束缚，使得新型空间群的组织更易贴切符合数字信息交互背景下读者对于馆内空间体系的需求。

一、多重维度空间分解

鲍家声教授对于图书馆建筑设计类型有很高的造诣，在其撰写的《图书馆建筑设计手册》中将图书馆空间类型分为7类，这7类空间基本涵盖图书馆建筑全部使用功能，已经初步完成了空间的分解。对于建筑设计者而言，针对不同的图书馆项目、不同的使用人群及行为需求的差异，可以将图书馆空间进行再分解，并依据行为需求或使用情况进行模糊化重组，以满足读者多元化的使用需求，同时增强公共图书馆的复合性。

建筑师进行某项建筑设计理论的推演或是从某项实际案例更新的过程中，空间分解往往是他们解决问题所采用的手法之一。空间分解是将整体的空间分解开来，使其相对分离，再依据现实需求、新型理念等要素重新建立起空间之间联系的过程。这种设计手法并不是什么高超、离谱的手段，而是一种朴素务实的统筹思维，它可以帮助设计者理顺思维，对于不同的建筑师会有不同的空间分解理念，再加之设计想法的出入，往往会产生不同的设计结果。

位于加拿大的瑞尔斯大学学习中心大楼（图6-1）是近几年兴起的"无书图书馆"的典范，在馆舍内部空间没有一本纸质书籍，完全是由虚拟馆藏、数字阅览方式代替了馆内的主流行为。瑞尔斯大学学习中心大楼是一座需要适应的建筑，它打破了学生日常的行为方式，其在布局时也依照一条"虚拟线"来营造空间，在每一层都营造了虚拟环境的空间主题，例如6层的"海滩"主题开放学习区，顶层的"天空"主题区，主题为"森林"的数字化自习区等，给予读者充分的惊喜，同时强烈的引导感又不致使到访者感到迷惑。

图6-1　瑞尔斯大学学习中心大楼

二、优化功能空间群

数字信息技术给当今世界带来了太多的惊喜与改变，这种影响已经渐渐地深入每个人的心中，反映在行为习惯和思维模式层面上。传统高校图书馆的空间体系发展是一动态的过程，不论是其布局、空间分配、面积比例、人物流线、风格、造型等均是符合当时时代背景条件下的高效、优质的方案，是时代选择的结果。而数字信息化的影响逐渐深入图书馆建筑层面的时候，用户的行为模式也悄然发生了变化。在数字时代的公共图书馆，便携式上网设备被读者广泛使用以完成他们各自的目的（学习、阅读、休闲、研讨、交流等等），由于这些行为在本质上相互间并不完全排斥，所以有时候一类空间往往承载着多种行为的发生，引导了空间增强了灵活性及流动性。在不知不觉中，高校图书馆服务对象的主体已经在由书向人悄然转变，读者的行为模式决定了公共图书馆空间体系的组织模式，当旧瓶再也无法盛装新酒之际，公共图书馆的功能空间群便迈出了优化重整的坚实脚步。

1. 布局优化

在数字信息弥漫的智能图书馆内，大量的数据均经过了智能系统的严格运算。以藏书空间为例，在数字时代的高校图书馆建筑中，"信息"即好似图书馆的氧气无处不在，每经过一段时间，智能系统会根据前一段时间的图书分析数据来反馈给图书馆下阶段的图书布置建议，体现了信息与信息交互的智能化。随着读者行为模式的变化以及承载信息载体的多样化趋势，高校图书馆馆内的空间布局模式应适时加以调整，采取"藏阅半合一"的中位模式，对于珍贵古籍、特藏书籍或借阅率较低的文献书籍采取藏阅分离的布局模式，建立密集书库统一保存，由于密集书库相较于开架书库的储存率在2倍左右，可以节省下许多空间面积。而对于专业书籍、论文资料或借阅率较高的文献书籍采取藏阅合一的布局模式，将开架阅览书库合理布置在数字展示空间、数字交互空间、休闲类空间、创意类空间等，使得读者在获取信息的同时增加行为互动可能性，便以增强馆内读者之间的交流行为。

在密集书库的布局中，仍可按照图书的借阅率采取不同的密集书库布局，对于借阅率一般的文献书籍可以存放在自动化密集书库中。这种自动化书库不同于传统的闭架书库，读者在系统内申请借阅后，可由自动化设备完成图书配送，例如美国北卡罗来纳州立大学亨特图书馆拥有现代化的图书自动配送系统，读者完成检索行为后可由自动化机械自动将图书运送到指定位置处，省去了大量的人力和物力。对于图书馆内借阅率极低的书籍或珍贵的古籍资料等文献，可以修建专门的藏书库予以收藏，这样既相对提高了读者的借阅效率又可保证一些珍贵资料的保存。

在公共空间的布局中，可以在空间角落增加小型的交流讨论"厢空间"，这样在读者产生交流需求的时候可以就近在交流空间中完成交流讨论，同时玻璃隔断保证在营造氛围的同时保证整体空间动静分离。例如深圳大学城图书馆的矩形学习空间中配备团队讨论室、休闲空间、数字交互室等适宜交流讨论的多种功能空间，使得读者在整体空间中随时可以完成多种行为，极大地提高读者的阅读效率。在休闲空间、共享空间等适宜交流的空间中，亦可在角落中放置小型书架或数字化设备，以满足读者交流休闲之余的其他行为需求，节省时间。

2. 功能区块重组

由于读者在产生行为需求转变都希望用最短的时间实现这种需求，除了要求图书馆内读者的流线要具有高效性外，还需要采用功能空间重组交融的方式来解决这种需求，即不同功能空间融合重组在一个整体空间内。

针对智能系统对于前一阶段图书馆内各项读者空间使用情况的监控分析，可以获取读者群体对于空间的使用特征，反馈更改后经过多轮时间的智能筛选，这种信息交互模式便可以为图书馆对于空间的管理提供高效且实际的建议。随着公共图书馆建筑的内部功能空间大有从死板、封闭到灵活、开放的趋势转变，建筑内部的空间组织方式也越来越开放，界面越来越通透。当空间组织打破了传统的功能布局时，馆内的管理模式亦应顺应发展，走向开放。针对读者对于不同功能空间保有不同程度的使用需求，公共图书馆在功能区块重组时，综合考量读者的需求，可以按照"分时分区"的方式重组功能区块。

采用"分时分区"整合方式的空间体系具有较高的开放程度，依照读者对于各部分主体功能空间使用频率、时间的需求差异和管理服务的难易程度，将部分主体功能空间进行分类管理，大致可分为"常规开放区域""延时开放区域"以及"24小时开放区域"。其中，馆内常规的开架阅览区、书库、数字化空间、办公区、服务区等工作服务人员参与程度较高的空间可划为"常规开放区域"，在区域重组时宜布置在较高楼层；报告厅、休闲空间、共享空间等可以按需适当延长开放时间，划分到"延时开放区域"，布置在较低楼层；为满足读者使用需求，可将部分阅览或休闲空间划分到"24小时开放区域"，拥有独立的出入口，并保证虚拟数据库的开放，以满足读者24小时的使用需求，充分体现公共图书馆的开放性。

三、虚拟建构

数字化犹如一张动态的网，带来了全新的变革。新媒体、网络化、虚拟化技术飞速发展，正如信息不再仅限于纸质媒体一样，建筑空间同样不再仅限于实体空间，虚拟空间因其非物质性、无距感、全时性等诸多特点正在全速发展，全新的读者行为模式也引导了公共图书馆内人与信息交互的全新模式，使得虚拟空间向公共图书馆层面不断蔓延渗透，这给未来公共图书馆的空间体系发展模式带来了全新的思考与无限的遐想。当数字智能与传统体系如何共存，记忆精神和全新面貌如何衔接等问题被抛出时，就意味着未来机遇与挑战并存。

1. 数字化置入

虚拟空间的建构首先最容易想到的就是虚拟馆藏的置入，衡量一个公共图书馆学术能力的一项指标便是藏书量的多少，在图书馆数字化将来，虚拟馆藏也将丰富图书馆的馆藏量。不同于纸质书本的是，虚拟馆藏可以极大地提供给读者选择的便利性及可达的高效性，弥补了实体馆藏因时空性的限制存在的众多弱势。

虚拟资源的加入打开了读者学习阅览的新模式，使得读者在访问数据资源时可以不受时空的限制，拥有极高的自由度。然而，在公共图书馆空间体系的规划中，实体空间的数字化作为一种较为新颖的模式丰富了图书馆内人与信息交互的途径。对于数字化界面的置入，利用计算机等多媒体技术，可将墙面、地面、天花板等界面作为载体传播信息，并将智能感应系统应用到空间细节，使实体空间呈现出数字化的特征。

云平台的发展也拓宽了公共图书馆的管理体系，将图书馆的基础业务、办公系统、馆藏借阅系统、身份认证系统、协同科研系统等多数管理功能拓展至云平台上，并通过云平台的数字化渠道进行信息推送、交互与反馈，极大地提升了公共图书馆管理的便利性，同时使得公共图书馆整体呈现数字化趋势。

（1）数据开发平台的融入

在当今时代，我们每一个人每天都会接触到巨大的数据信息，通过社交平台、电视投放或者电台等进行传递。而公共图书馆开放阅览空间每日所获取的信息量是这些的数以万倍。获取所需要的信息并不是最大的难关，如何高效地处理所获得的信息，如读者行为模式，或图书馆未来时间内的活动安排，将这些数据分析置入，选择有用信息得出最佳结论并应用于开放阅览空间是当下研究中的重要命题。数据分析并不是单一运用，需要灵活地与功能需求相互结合才会避免给读者及服务对象带来的突兀感。构建数据开发平台可以更有效地梳理现有数据，在综合性数据库之外也可以通过专业领域或者不同学科进行划分，便于在数字庞大的数据库中快速、准确地锁定有用信息。

一般而言，公共图书馆数据平台为综合性平台，便于满足大多数用户的一般需求，在对某一领域有一定了解之后进入深度、专业阅读。公共图书馆更多扮演的是引路人的角色，带领读者接触某一个领域或打开某一扇门，帮读者发现新的天地。在数据开发过程中，需要保证采集、加工整理及检查录入环节的完整性和准确性。同时要对数据进行取舍，删除无用信息，确保录用数据的价值。在数据整合过程中也需要严格遵守对应数据平台的标准。此外，数据的更新在数据爆炸式传播的当下也十分重要。

当读者进入公共图书馆中，可以借由数据平台对读者进行合理地引导和分流，针对读者感兴趣的话题进行推荐。结合图书馆内部展览展示活动及讲座授课近况，向读者进行定向的信息投递。可以在活动日中集中某一特定领域的学者或对某项话题感兴趣的读者。在便于人与人交流之余，可以更多投入当日特殊活动下图书馆空间内的独特设计。

（2）设计基础信息服务管理系统的运行

信息生成与处理主要经过四个阶段。第一阶段为数据生成，在这一阶段中，通过读者基本信息摄入、图书借阅记录进行归档整理。数据既来源于网络图书馆，也来源于移动平台的搜索。第二阶段为数据获取，这一阶段的主要任务是通过独特的符号——数字化形式，将信息进行整合、储存和分析处理。第三阶段为数据存储，大数据中数据存储的主要目的在于价值提取，所以存储过程中需要满足基础设施的持久可靠容纳信息和提供足够的技术支撑分析巨量数据。第四阶段为大数据分析，这也是图书馆服务管理系统中最为重要的一环。通过分析我们可以寻找到数据中的隐藏数据，例如图书馆某段时间内的人流量变化、书籍借阅趋势和规律等。可以为图书馆从活动选择到后期建设提供更多辅助建议。伴随信息服务管理系统的逐步完善，第四阶段中数据分析方法也有着多种选择。数据分析的种类多样，围绕网页、移动平台、文本、社交网络等不同类别进行有针对性的分析，从而使得工作效率更高，数据分析结果更加具有针对性。对于公共图书馆而言，数据分析方式主要围绕在文本、结构化、网页、多媒体、社交网络和移动数据分析上。基于此，如何在图书馆开放阅览空间内合理置入电子设备便成为主要思考的问题。

当下图书馆处于传统与现代互相碰撞结合的阶段，纸质书籍的存在是不可被替代的，但是信息可以在原有基础上进行添加。如在书籍最后或者封面加入图书馆独有的二维码，通过扫一扫获取信息的形式将传统书籍得到的数据向移动终端传输。或者在阅读及展览展示空间内设立多项互动设施，吸引更多读者及游客参与其中，使得数据获取对象和内容更加全面。互动设施的置入也可以聚拢空间内部活力，增添空间的趣味性。除此之外，也可以增设图书投票、有声电台等活动，让更多的读者了解到某项活动，并从读者们的选择和喜好中进行数据的收集整理，为下次活动的设立提供新的思路。

2.VR 技术的应用

1990 年，美国密歇根大学首次提出"数字图书馆"的概念，并以美国国会启动的"美国记忆"项目象征着美国数字图书馆建设的起点。中国也于 20 世纪末在上海最先启动了数字图书馆的立项。21 世纪以来，数字信息技术飞速发展，多数数字化公共图书馆解决了读者受限于文献资料的时空限制，但人与信息缺乏立体式交互，用户难以获得漫游感、沉浸感，用户的体验没有发生二次质变。

360°全景模式可以模拟众多超现实人工环境，可以帮助公共图书馆内的用户实现多学科、跨时空的虚拟空间同步，使用户更加高效、直观地进行研究与体验。同时还可以将 360°全景和数字影像技术相结合，建立现实世界并不存在的虚拟空间，体验独特的空间环境，如若加入感觉参数和环境参数等多种指标，则实验的环境更加逼真。美国北卡罗来纳州立大学是最早一批使用 VR技术的高校之一，他们将虚拟空间模拟到实体空间界面上，完成对相关课题的研究。360°全景模式为高校用户提供了前卫的、高效的信息研究模式，体现出公共图书馆前沿科技的优越性。

VR 技术亦给公共图书馆的管理服务带来了新的突破。公共图书馆的云平台上还可以搭建虚拟公共图书馆，将公共图书馆信息虚拟化，通过 VR 的可视化将图书馆信息对用户进行反馈循环。在传统的图书馆网站上只能看到图书馆的图片、视频等固定信息。在 VR 虚拟信息的输入中，读者可以主动地、任意地漫步在营造好的虚拟环境中，人是虚拟环境的主宰，同时可以完成对虚拟文献的访问。这种人与信息的交互模式是 VR 技术的精髓意义，同时虚拟馆舍漫游也是一种全新的服务模式。

在实际应用过程中，可以从图书馆自身的虚拟环境进行建设，完善自身数据的整合；由触摸屏、投影仪、机器人等外部设备实现部分虚拟现实，可以与自助服务和导识系统相结合，也可以独立放置；小范围地实行虚拟现实，逐步升高使用者的满意度，直至真正意义上实现虚拟现实技术。

3. 营造精神空间

人类的情感带给人们精神层面的追求与享受，精神上的获得感带给人们情感与意志的满足，因此在建筑空间体系优化的过程中，一定不能忽略感性思维的影响。数字时代的公共图书馆空间优化是一个旧馆变新馆的过程，功能组成、空间体系、流线组织、面积分配、行为交互、管理模式等多方面设计因素均发生改变。但是，我们不能忽略老馆传承的内容。正如文化的传承要依据文脉、内涵等内容进行更迭传递，公共图书馆的空间优化要考虑精神空间的营造，以传承在传统数字化的过程中流传下来的永恒的记忆。

公共图书馆内精神空间的营造要传承传统，提取老馆建筑的元素，或空间形态、结构、界面等，加以保留或基于其特点进行改造，营造的空间氛围要使读者置身其中也能唤醒其对于老馆的记忆。同时，改建更新的空间可以布置具有公共图书馆历史意义或带有纪念价值的家具、雕塑、字画、照片等等，以增加读者公众对于老馆和城市的归属感，唤醒记忆，得到精神层面的慰藉。例如立陶宛国家图书馆在现代化翻新改造之时对于传统的柱式结构予以保留并加以维护，室内元素和装饰材料的更新与传统的结构形成了传统与现代的碰撞，在"新"与"旧"之间营造了新的平衡。

四、更新服务策略

2008 年中国图书馆学会将年会的主题定为"图书馆服务：全民共享"，首次将图书馆的功能职责与全民共享服务结合在一起，表现了公共图书馆设计发展中以人为本的主要原则。《图书馆服务宣言》的宣示标志着公共图书馆文化服务策略进入新的篇章。现代化技术的发展加剧了变化的进程，这一变化不再是形式上的改变，而是从内部核心开始的本质上的变革。

1. 借阅模式变革

进入大数据时代最为显著的特征便是数据的更新速度十分迅速。它给予使用者多种平台用以快速且高效地整理合并我们所需的资料信息。现如今，我们可以通过多种方式对图书馆所藏图书目录进行查询，如网络图书馆和自主查询器，可以明确地查看到书目当下借阅情况以及图书所处藏馆位置，以便于更高效地寻找所需图书，提前预约借阅时间，掌握更多有用信息。图书以编码的形式进行分类归纳，依照编码重新整合编汇，将数以万计的图书进行数据化归类，通过标题关键词或作者、出版社等信息，更快捷地从中寻找到自己所需要的图书类别，通过不同编号的指引，快速找寻到图书所在位置，或通过网络提前预订，预先将所需图书放置于借阅区，节约读者借阅图书时所需时间。此外，关键词的搜索形式可以为使用者提供更多相关参考书籍，最大化地满足使用者的需求。

在基础的借还图书功能之外，自助图书借阅已经成为当下服务模式的主流。网络预订借阅、自助扫描打印已经成为当下公共图书馆必备的功能之一。一方面自助借阅可以为读者提供更多便利，节约时间；另一方面，也可以减少图书馆内部资源的投放，节约成本。较之以往的图书馆建设，当下图书馆中投入了更多现代化设备，满足了多项电子阅读、自助借阅、自助扫描、网络查询等功能。这也从侧面压缩了空间的使用，使得空间的规划存在更多可能性。数据借阅模式的更新表明了在智能化与个性化并行、知识与数据并存的当下，推进多元、高效、自由的信息处理方式及建设智慧便捷的服务体系是未来图书馆变革的长远趋势与必经之路。

2. 扩展用户群体

公共图书馆的便利之处在于，它的服务对象不拘泥于学生或某专业领域的专业人士，而是面向大众的，有着多种需求的不同对象。建设多元化的公共图书馆必须具备包容性、人文性和个性化服务等特点。学生和青年人之外，随着生活质量和文化水平的日益提高，图书馆的用户群体也有所变化。不同的年龄群体所面对的问题都是不一样的，为了解决这一问题，公共图书馆自以往的大众开放阅览空间，划分出了多个区域，专设了许多独立的空间以满足更多使用对象的功能需求。如以画本为主，空间设计风格活泼的儿童阅览空间；以报纸期刊为主，满足休闲阅读功能的期刊阅览空间，空间氛围安静；以电子影音阅读为主的电子阅览室，以视听的方式体验科技与阅读结合所带来的乐趣；为满足特殊语言文化学习需求，部分公共图书馆内还设有语言文献阅览空间。此外，还可以依据前期周边环境需求分析，设立独特的音乐阅览室、旅游信息阅览室等。这些阅览区域更有针对性地提供数据筛选，优先提供相关区域图书目录，同时便于用户群体之间的相互交流。这种新的服务模式，使公共图书馆的读者服务更细化、更深化、更多样、更便捷也更明确，这种服务模式下公共图书馆既可以满足大部分使用者的功能需求也可以满足专业科研等高精尖需求，是一种较为平衡的运作理念。

在城市之中，公共图书馆开放阅览空间提供了休憩、交流、娱乐与学习的最佳平台。在此背景下，公共图书馆的功能不再局限于单独的图书借阅，更多着眼于文化交流与展览展示方面。不同的图书馆依据周边群众的需求设立了多项互动活动，如图书公开课活动，非遗技艺宣讲课程、历史文化展览展示等。在文化交流与展览展示过程中，可以根据不同的人群、展览主题、文化需求等进行多样化的活动筹备，吸引更多的群体进入公共图书馆，从而进入一个有益的循环，提高公共图书馆的使用率并提升城市内部活力。由于单独的个体离开其他个体无法生存，因而城市的本质就是人与人发生联系，这种联系是平等的、互相影响的。交流是知识传递的必然产物，也是人与人交往间的黏合剂。公共图书馆通过充分调动市民参与图书馆阅读活动，分享图书馆知识体验，才能发挥出自身的积极作用，实现自身的社会价值。如此一来，公共图书馆无意中完成了城市公共文化空间的再造任务，提升了城市内部活力。

3. 合理资源配置

公共图书馆在开放时间上，有相对固定的开放时间，也有相对灵活的针对某些活动的非固定开放时间。不同的开放时间和开放形式，既保障了图书馆周边群体借阅图书的需求，也满足了不同活动受众群体的特殊需求。而在这之中，错峰分配资源，通过数据的整理与合并，统计出图书馆较为高效的工作时间节点，优化人力以及图书资源分配模式，可以更高效地进行图书馆内部的运转和资源的合理分配。错峰分配资源的服务模式，是大数据时代下，数据优化和多项数据整理分析后可以得到的新的服务方式。错峰分配是基于普遍时间内的一种普遍情况，而非特殊情况，需要庞大的数据体系进行支撑。

公共图书馆的开放时间可以依据公民的使用需求进行灵活调整。如在周末或者特殊活动举办期间适当延长图书馆开放时间，或者根据图书馆预约人数进行灵活的调整，使得图书馆内资源使用更加有效化。同时，基于数据分析上得出的高效时间段，便于图书馆在资源分配过程中更好地运作。除此之外，借助数据的传递，可以实现跨地区、行业的合作，构建多网络、多交互的信息共享平台，使得公共图书馆打破原有的空间限定，借由网络与新的平台进行多馆之间的资源共享互助，构筑新型连接方式，共同成长。

在以往公共图书馆设计中，由于空间的局限性，根据功能需求划分为多种功能的小空间。随着功能需求的增加，功能筛选与合并不仅影响到图书馆自身的运作，也影响了后续空间设计思路和使用者的直观空间感受。

4. 读者喜好筛选

通过网络图书馆及自助查询系统的记录，对使用者在查询页面涉及的关键词进行运算解析可以更加便捷地寻找到更多使用者感兴趣的话题、类别、书目或作者。在资源空间有限的情况下，这一判断与指引可以更加高效地对图书类别进行归纳，并提供更有针对性的推荐。除此之外，图书馆的活动安排与图书推介可以围绕当下网络传播热点或者特殊活动而进行。如在奥运会期间图书馆可以提供更多运动类图书的推荐，开展相关历史沿革的介绍与奥运会发展的讲座和展览活动；或者在每年度的国家法定节假日期间进行节日与气节的科普介绍，使更多的使用者了解节日背后的历史故事与含义。图书馆在提供阅读场所之余，应当更好地对读者进行引导。大数据下信息数据的多样化会让我们错失部分关键信息，先一步对于数据进行筛选处理然后有目的地进行传递也是大数据下公共图书馆承担的新的职责。

读者的喜好并不是一成不变的，通过数据的整理分析与研究，我们可以得到读者喜好变化趋势与社会发展近况之间的某种联系，更加透彻地了解读者的使用需求。大数据为我们提供了现代化技术的支持，使得图书馆可以打破以往从总结中前进的模式，提前一步掌握未来的发展趋势。在此基础上，公共图书馆可以有的放矢，以更高的工作效率、更佳的运作环境、更快的跟进速度服务于周边群众。

第四节 智慧图书馆空间功能组织的优化路径

在传统的公共图书馆设计中以"藏、借、阅"为核心的功能空间似乎已经不能完全满足当代用户的需求，显得不合时宜。在数字化和多媒体技术的发展支持下，公共图书馆的职能进行了再定位，也能承担更为多元化的功能，提供给读者更为优质的服务。相应地，传统的功能模块的定义会发生改变，职能会进行扩充，服务方式与内容均会发生全新的更迭。

一、藏阅空间的优化

高尔基曾说："书籍是人类进步的阶梯。"在传统高校图书馆内，藏书空间和阅览空间基本占据了馆舍面积分配的绝大部分比例。藏书空间主要定义为将书籍、报纸、杂志等书本类信息进行储存的空间。阅览空间内承担信息传递任务的仍然以纸媒为主，其设计目的也是方便读者对于书籍、报刊等信息媒体的阅读学习。在数字化时代繁荣发展的背景下，信息技术、数据库技术、多媒体技术等发展迅速，图书馆内的信息存储模式、读者学习模式及社交模式已然发生革命性的改变，因而再继续使用"藏书空间""阅览空间"来指代对应空间类型已经似乎不太完善。

1. 数字存储空间

"数字存储空间"是传统公共图书馆中书库等藏书空间的新型表达方式。顾名思义，数字存储空间加入了虚拟化、网络化存储的元素。如今数字化图书馆的馆藏内容分为实体馆藏和虚拟馆藏两部分。虚拟馆藏的信息量已经越来越丰富、完善，但其存储位置在漫无边际的网络海洋中。数字存储空间主要指高校图书馆的实体馆藏部分，但其存储空间形式却绝非简单复刻传统藏书空间的模式。由于图书馆功能逐渐复合化，数字存储空间的比例会低于早期馆藏书空间的占比，但其藏书模式更加智能化。如西雅图图书馆的三维螺旋存储空间，读者可以在丰富的空间中畅读阅览，享受知识和艺术带来的双重美感；在被誉为"网红图书馆"的天津滨海图书馆，设计师将书墙设计在休息台阶夹层中，使读者阅览与交往的过程中漫游在书籍的海洋环境中，意在提升用户的体验。

2. 数字展示空间

"数字展示空间"是传统公共图书馆中阅览空间、学习空间的新型表达方式。在数字化时代，网络传播技术、互联网终端技术等充分发展，原本图书馆内的阅览空间发生了较大规模的变革。传统的图书馆内仅依靠纸质媒体这一单一的信息传递媒介，而将数字展示空间仅仅用于指代"读书的地方"依旧不尽完善，展览空间、影视厅、观演中心（图6-2）等功能的置入丰富了信息传递的宽度。数字展示空间提供了不同的空间性质，供不同类别的读者使用。

数字展示空间将为有安静学习需求的读者进行适配，空间环境安静，空间属性较为内向，可以充分满足读者对于私密性、空间领域感的需求。具体来说，可以通过两种方式来实现：第一，通过空间的分隔来创造私密性。通过空间不同程度的隔断划分，比如以墙、玻璃或家具的隔断来完成空间划分，其效果也不尽相同。墙的隔断和玻璃的隔断可以将学习空间单独划分成室，个人空间领域面积较大，墙的隔断私密性最强，玻璃隔断空间现代感更佳。而家具的隔断可以实现在同一空间下将每个学习单元隔断开来，个人空间领域面积较小，但

图6-2　数字展示空间

可以实现阅览和交流行为同时进行，因此家具的隔断方式使得私人阅览空间的隐私性和开放性并存。第二种方式是通过家具的设计和布置来完成，此种方式是通过某些设计感较强的家具来满足读者心理对于私密性、领域感的需求平衡。新加坡璧山公共图书馆通过玻璃与墙壁结合在整个空间体系中凸凹出一个个小小的"厢空间"，类似于树屋与吊舱的寓意，封闭的空间感充分满足具有安静学习需求的读者，并满足其领域感的需求。香港科技大学的阅览大厅内设置许多个人阅览沙发，这种沙发设置可移动的桌面板，读者坐下后将桌面板合上，围在胸前的桌面板既可以充当书桌来放置书本或电脑，环绕的感觉又可以提供给读者充分的领域感。天津大学图书馆通过在六边环形桌上放置简单的磨砂玻璃隔板营造了个人领域感，晚间阅读时还可以打开隔板夹缝中的灯具来保护视力。因此，内向型数字展示空间具有中心性与领域性，质料具有包裹感，体现了其"内向"的特点。

3. 交流空间的打造

公共图书馆是城市中信息提供和服务的机构，经历过长时期的发展，在数字化时代的背景下，已然突破传统的"以书为主"的空间界限，空间布局也由对于书的使用性质划分转向了以服务功能为导向的划分，即"以人为主"。人流是公共图书馆的核心，主要为城市居民以及外来游客。不同于传统的图书馆，交流行为已经成为读者推动学习、科研效率、提升社交频率、增加精神满足感的重要行为。自 2016 年，美国公共图书馆协会调查表明，图书馆建筑已成为不同层次、学业水平、职业身份来分享信息、沟通交互的优势空间形式。诚然，随着数字化对公共图书馆的深入影响，交流空间已成为馆内不可或缺的空间形式，交流空间亦承担着馆内用户的新型交互方式。下文将基于数字化时代馆内人人交互的特点将空间划分成研讨互动类、大型集会式、高端学术型及非固定功能式交流空间，以满足深化打造交流空间对于整体馆内空间的优化。

（1）研讨互动类交流空间

研讨互动类交流空间具有服务人群广、服务单元面积小、服务效率高等特点。服务人群多数为单人读者用户群体和 8 人之内的小规模读者用户群体。该种交流空间内的交流层次规模较小，读者在交流空间内可以自发性完成交流、学习、聆听、共享等互动行为。

研讨互动类交流空间可以满足读者的学术交流需求。小型学术研讨室可以满足小规模用户群体的交流学习功能，该空间类型往往以封闭空间为主，可以采用玻璃隔断来增加通透感，使得空间在满足声音阻隔的同时获得视线上的通透。在研讨室内辅以网络、投影等数字多媒体设备使用户可以在需要时随时快捷链接馆藏虚拟资源。例如，天津大学图书馆设有专门的小型研讨室来满足小型学习小组的交流学习行为，营造了浓厚的馆内学习气氛。

图6-3 研讨互动交流空间

研讨互动类交流空间在馆内的另一种表现形式为大厅型互动交流空间，这种空间的特点为空间面积大、空间开放性强、空间流动感强、座位数量多等特点，可以满足大量学习读者用户的需求。由于空间封闭感弱、流动性强、座位相距较近，可以轻松创造出陌生人之间偶然相遇的交流行为。例如西交利物浦大学图书馆的大厅阅览空间，通过柱子等建筑构件将空间划分为不同区块，坐在角落的空间拥有良好的个人领域感，中间的空间拥有良好的交流氛围，交流空间体验丰富（图6-3）。

（2）大型集会式交流空间

大型集会式交流空间是面对多人同时交流的空间，其具有空间面积较大、服务人群广、空间界限较为模糊等特点。大型集会式交流空间可以通过人人交互行为的特点来设立一定的临时规则，从而筛选特定的参与人群，因而大型集会式交流空间往往不同时间内承办不同的活动。高校用户加入该空间的信息交流后可以获得空间临时组织者所预设传递的信息，来获得交互感与体验感。

讲演行为是城市公共图书馆内高频知识传递途径，也是大型集会式交流空间的主战场，文化分享会、培训会、报告会等是主要内容。随着科学文化的进步，城市对于知识、信息的传递越来越重视，讲演的频率就愈发频繁，数字化媒体加入后，讲演不再仅限于身体媒介，多媒体技术可以丰富信息传递者的交流方式，提升信息传递效率。

大型集会式交流空间的另外表现形式有模糊式大型空间。该空间在平时表现为松散的交流空间，人群可以自由地在该空间任何地方与任何人发生任何形式的交流行为。而当某人或团队组织发出了带有信号意义的交流行为时，该空间性质会由松散变为聚集，空间系统熵降低（熵：热力学定义，即描绘一个系统内的混乱程度，这里的空间系统熵降低是指该空间由无序向有序变化的过程），此时该空间由参与信息传递活动的人群共同所有。例如，在太原市图书馆的中庭本是一个模糊无序的交流空间，在某个时间段内邀请到山西省交响乐团的演奏，此时人们会自发地向演奏中心聚集，无形之中使得该空间与其他空间中出现了一道界限，所有参与演奏和聆听演奏的人群共同获得了该空间的临时使用权，实现了信息交互行为。

（3）非固定功能式交流空间

丹麦建筑师扬·盖尔在其著作《交往与空间》中对于户外公共空间内的交往活动分成了三类，即必要性活动、自发性活动和社会性活动。其中社会性活动又称为"连锁性活动"，指人们相互照面或惊鸿一瞥下发生的交往活动，具备一定的随机性。传统的公共图书馆中公共空间曾具备一定的功能性，随着逐渐发展，渐渐摒弃之前的固定功能，转变为非固定功能，从而鼓励在这种交流空间中发生偶然性交流行为。非固定功能式交流空间的空间性质非常开放，且空间边界模糊，使得读者不受空间类型的约束，完全自由、开放地交流。

公共图书馆的非固定功能式交流空间具有很大的开放度和自由度，家具亦采用较为松散布置的方式安置在空间中，使得读者拥有交流的自由。近些年的设计中常出现将交通空间结合非固定功能式交流空间结合布置的做法来为随意自由的交往行为提供场所，充分利用水平和垂直交通空间。将交流空间延伸至水平空间的廊道中、垂直空间的楼电梯中，在满足消防规范的前提下，使交流空间和交通空间连为一个整体，为多元化的交流行为创造条件。如加拿大瑞尔森大学学习中心大楼，通过将交通空间面积增大，并安排交流座椅的方式来增加可供停下交流的空间；又如瑞典达拉纳大学多媒体图书馆的多功能厅采用空间结合楼梯的布置手法，丰富了空间的层次，为交流的产生提供了条件。

从另一种意义上讲，非固定功能式交流空间可以指代多种空间性质结合、功能形式经常变化的空间。例如公共图书馆将交流空间和公共空间结合布置，形成展厅，但该空间性质不固定，在其余的时间段又可以成为读书角、新技术体验区等其他功能性质的区。这类空间往往人流密度大，开放强度强。这种可变的功能空间可以时刻保持空间品质的新鲜感，充分吸引读者的停留、交往兴趣，从而实现对该类空间的优化。

二、共享空间的完善

在意大利当代作家伊塔洛·卡尔维诺的著作《看不见的城市》中，提出了有关于共享空间的隐晦概念，在虚构的世界中，城市是一种可以满足交换的地方，但却不仅限于商品的交换，还有话语的交换、记忆的交换与欲望的交换等。共享是一种可以给人们带来快乐与体验的行为，而城市便是可以实现这一切的场所。

21 世纪初，数字技术高速发展，城市公共图书馆内的数字资源比例不断攀升，读者的资源交互方式不断变化，使得公共图书馆内传统的空间模式也在发生变化，在公共图书馆功能空间日渐复合化的背景下，建筑师应整合有限的空间资源，充分完善共享空间，来丰富馆内功能空间。

1. 体验类空间的丰富

体验类空间具有现代化、前沿性、互动性高的特点。随着数字化技术的发展，原本公共图书馆不具备的功能逐渐丰富传统公共图书馆单调的空间，给予了读者全新的未知体验，同时也为公共图书馆注入了活力。由于受到技术的限制，传统的公共图书馆能够给予读者的只有单方向的体验感，即馆方到读者的体验模式。数字时代下的公共图书馆体验空间可以突破传统的桎梏，互联网和新科技的普及使得交互式体验的时代来临。

体验类空间可以分为两类，即实体空间体验和虚拟空间体验。虚拟空间体验以前卫、互动、趣味的方式来增加读者的信息体验感，通过听觉、视觉、触觉，甚至是虚拟感觉的渠道来增加体验。国外公共图书馆对于数字类虚拟体验空间交互设计比较前沿，如法国国家数字图书馆的数字体验区，读者可以通过虚拟人机交流的方式完成多种互动共享体验，查阅 Gallica 中的数字资源，Gallica 中的信息交互都是通过数字化媒体来完成的；国家数字图书馆的"印象数图"体验区可以实现读者的智能数字化体验、通过多感觉的体验方式来享受国家数字图书馆提供的数字资源；受制于资金的原因，我国城市公共图书馆虚拟共享空间的创建较为落后，但近几年也初具雏形，例如重庆图书馆打造了"智慧重图微体验区"，来完成 VR 虚拟现实技术的初级体验。

实体空间体验亦是公共图书馆功能复合化的组成部分，休闲类、娱乐类、餐饮类空间形式可以满足读者在阅览、科研之余的放松、休闲需求。部分实体体验空间可以根据场地环境与室外结合，如咖啡室、茶室、新书体验馆、24

小时开放的研修室等。如北卡罗来纳州立亨特图书馆的室外平台亲近自然湖泊，使得读者享有良好的湖景阅读环境。

2. 增加创客空间

创客空间的概念是近十年引入图书馆界的，创客意指创造者（Maker），指为相似意愿的创造者们提供空间，鼓励空间内的创新、实践行为。目前各大城市公共图书馆对于创客空间的建立很广泛，但在城市公共图书馆的建设中，缺口却很大。由于社会对于创新性人才的渴求，这样的创客空间恰好可以对于此种需求可以对口性满足。创客空间是实现灵感的梦剧场，将提供最适宜的环境和气氛来为创造者们提供条件，激发他们的灵感，并在全过程内提供帮助，帮助他们不断实践、不断突破、不断创新。创客空间除在用户进行创新项目的全过程提供帮助和条件外，在项目的后期还可以提供专利服务等功能，从而满足创新者们的辛勤成果不受侵犯。

创客空间具有良好的空间环境，用户进入后可以充分在此休息、休闲，空间形式灵活自由，不受限制。同时创客空间是前沿性十足，科技感丰富的空间，以实现用户多元化、复杂化的创作需求。例如上海市静安区图书馆在硬件平台服务方面提供的三种智慧服务，其中便包含了"智"文化服务平台，为静安区图书馆开设的数字文化平台，集创客空间、创意互动研修基地、自修室等多功能于一体，提供个性化的读者服务，根据读者需求推送和投放平台活动信息，读者可以运用这个平台查询和预约文化活动，同时也为读者提供了创业平台资源分享、智能新品发布推广等多种层面的全新体验。

三、室外空间的设计

公共图书馆往往是一座城市的地标性建筑。对于建筑设计而言，建筑的室外环境设计和建筑的内部空间设计一样需要被建筑师用心思考设计。传统的公共图书馆由于建设时间较早，整体造型较为简单，功能形式单一等原因，室外空间设计的部分也较为简易，功能性较为缺乏、环境亮点也较少。因此，城市公共图书馆室外空间的优化也应保持内外一致，充分发挥"以人为本"的空间优化理念，进行设计或改造。良好充分的室外空间设计可以彰显图书馆建筑的风格风貌，提升建筑空间层次，吸引读者前来体验，是高校图书馆整体空间优化的重要一环。

1. 院落空间

院落空间在我国建筑史中占有重要的地位。《周易·系辞》说："一阴一阳之谓道"；又谓"阴阳合德而刚柔有体"。辩证的艺术贯穿了《易经》，世上一切的事物都可以划分到阴阳两势的范围中来，包括建筑层面，可见院落空间在传统建筑中的地位之重。在现代化设计思想中，院落空间设计仍有深刻的意义，其在营造良好的自然景观的同时，可以最大化地丰富建筑的空间层次，带给室内空间良好的日照，并扩大建筑的使用面积。

在数字化公共图书馆建筑设计中，合理的院落空间布置可以丰富读者的体验感，并承担供读者交流、休闲、娱乐的场所空间。根据图书馆读者使用流线的差异、空间的开放程度，院落空间可以分为开放院落、半开放院落、内部院落。根据建筑体块、布局、实体关系等设计差异，多种院落空间可以形成多种组合方式，极大提升空间的多样性。

适宜的院落尺度：当代日本建筑大师芦原义在他的著作《街道的美学》中对不同的街道环境和公共空间领域有着独特的解读，并做了简单的量化，他认为不同建筑物的间距和高度的比值（D/H）将会对人、物造成不一样的影响。这种结论同样适用于公共图书馆公共院落的尺度关系。在 D/H ≤ 1 时，空间局促、日照不足，人会有身心压抑之感，不利于读者在此空间的停留；在 1 < D/H ≤ 2 时，此时空间的日照和尺度均较为适宜，布置些环境小品、停留座椅，可以自然地吸引读者来此进行休闲交流；当 2 < D/H ≤ 4 时，空间更为宽敞，可以考虑布置设计主题感较强的院落空间形式，增强读者的交流、游览体验；当 D/H > 4 时，空间便显得呆板空旷，建筑对于院落空间的影响很小，应布置主题明确的功能空间，以保证读者保有充足的兴致进入院落空间，为交流行为提供条件。

空间整体层次的变化有利于营造多样化的院落空间，利用一些建筑的处理手法如挖空、衔接、错位、退台等可提升院落空间层次。退台可以增大庭院的采光面，同时留有许多室外交往空间；错位、进退等层次变化可营造较为复杂的院落环境，增加读者的空间体验。利用一些加法手法亦可以丰富空间层次，如增加立体景观可丰富整体环境的品质，增加连廊、坡道可丰富院落空间的错落感等。合理的手法运用可优化公共图书馆室外空间的设计，带给读者全新的视觉空间体验。

2. 平台空间

公共图书馆的室外平台空间起到休息、观景、交流的作用。因其面积较大，功能作用不甚明显，传统公共图书馆对于这类纯休息式的平台空间利用率较为低下。因此，在优化公共图书馆整体空间时，平台空间稍加改造利用，便可以大幅提升其使用率，更好地为整体空间优化服务。平台空间一般可分为屋顶平台、架空平台和近景平台等。在进行优化设计时，需预先设计出使用者在此类空间的行为模式，从而确认平台空间的功能类型进行设计。

屋顶平台：屋顶平台的空间具有景色优美、通风良好等特点，一般来说可以结合共享空间等布置成屋顶花园，覆以绿植，可以起到保温隔热的作用，同时可以补偿建筑的绿化率。如若图书馆建筑地处温和的气候环境中，可将屋顶花园与咖啡、茶艺等休闲交流功能结合布置，充分布置休闲座椅，使读者在欣赏远眺美景中加强与其他读者的交流互动行为。

架空平台：架空平台的营造方法一般是将空间的隔墙的部分或全部打通，形成半开放的开敞空间，室内空间和室外空间可以产生流动，丰富空间的层次体验。架空平台空间可以与多种功能空间形成联动，如休闲、展览等，提升空间的利用率，数字化功能引入后，还可将底层架空平台设计成虚拟化 VR 体验场地，将虚拟空间和实体空间相结合，吸引读者来此到访交流。在架空平台场地有多种营造空间的手法，可以提升空间的趣味性。如下沉广场或局部升起可提升空间的层次感、引入景观的手法可以提升空间的氛围感等。架空平台空间本身并无概念意义上的实质功能，灵活的空间经过巧妙的设计可以生成魅力十足的空间，可以具体根据功能需求仔细推敲。

近景平台：近景平台的空间营造需要结合城市公共图书馆建筑周边的景观环境来进行推敲，充分利用景观环境的人文优势来吸引人流聚集交流，因此近景平台的功能一般与景观环境功能相匹配。如建筑一侧临近景观水系，室外空间优化时可结合景观水系设计亲水平台，可配以休闲、社交、观演等功能，使自然景观和人文文化相结合。如临近重点构筑物，可将近景平台布置成展览空间，设置主题展，吸引读者加入，进而发生交流行为。

四、公共图书馆整体空间形态优化

"存在即合理"是黑格尔在《法哲学原理》中提出的一种客观唯心主义理论，即指任何合乎理性的东西都是现实的，且现实的东西都是合乎理性的。在图书馆建筑历史发展的时代场合中，每种流传下来的布局模式或阅览模式等，都应该是符合当时科学技术水平的发展现实的最优解，并顺应此种模式继续发展下去。

在今天，基于公共图书馆内多种交互行为的演绎与更新，在科学技术与审美艺术统一的前提下，公共图书馆内部的空间形态也发生了一系列的变化，这些变化会及时反馈到高校用户，带给他们基于这些空间形态优化后的全新体验。

1. 空间相互交融性更佳

数字化技术的普及改变了图书馆传统的藏阅借的空间模式，将其变成了实体与虚拟共存、藏阅与交互同在的新型图书馆空间分布模式。为满足这些，高校图书馆空间变得更具复合性，空间性质概念不强，空间交融力增强。公共图书馆的空间除了变得逐渐灵活开放之外，两种或多种空间由于用户人群的聚集、交互行为发生之后使得空间概念淡化、模糊，这种空间交融使得空间的联动变得频繁且丰富，空间的氛围变得繁荣且热烈。

公共图书馆空间的交融性是基于馆内读者行为的进行而产生的一种临时性的空间概念模糊，丰富了空间的功能效果。馆内用户的交互行为逐渐增多，这种交互行为有时是根据阅览时产生的关于知识问题的沟通所产生的，此时阅览空间便与交流空间产生了临时性的交融，信息交互行为、学习行为都可以同时在两种空间内发生，使两种空间的界限性变得模糊。中庭休闲空间有时会自发产生某种聚集性的信息交流活动，例如小型信息分享会或音乐会等，此时休闲空间同样与其他类型的空间产生了交融，模糊了界限。图书馆空间的交融性变得越来越强，意味着图书馆内部的空间利用率越来越高，馆内的交流行为越来越丰富，使得各功能空间变得更加令人寻味。丹麦哥本哈根大学图书馆的中庭休闲空间常举办各种艺术活动，通过声、光或数字化媒介等将周围流动空间模糊交融，丰富了读者的空间体验。由荷兰 MVRDV 事务所设计团队着手设计的天津滨海图书馆有着"滨海之眼"的美誉，环绕着中庭空间书山上的"洞口"通向各个功能空间，强烈的视觉冲击感使读者游览书海，流连忘返。

2. 空间匀质化程度加深

勒·柯布西耶在 1914 年提出了"多米诺系统"，既为其之后提出"新建筑五点""匀质空间"等观点进行铺垫，又以柱结构体系解放了当时空间平面划分方式，为自由平面的提出激发了灵感。空间挣脱了墙体承重束缚的限制，摆脱了对称与比例的桎梏，通过崭新的布局方式重新实现了自由和平衡。现代的公共图书馆空间正在突破以书为主题的封闭空间组合关系，而转向多种不同类型功能的空间，而功能却极易陷入原本预设好的"房间名称"的误解中。在满足人人交互的高校图书馆中，功能空间的唯一性和独特性正在不同程度地淡化。在被预设好的数字化阅览空间中混杂了一些交流、娱乐、社交行为，这些行为发生的频率或是性质的区分呈现出一种趋向匀质化的程度，体现在图书馆内的各处水平空间和垂直空间内。数量与人流量成正比，概率呈微差别分布，因而公共图书馆不同的功能空间表现出相似的空间效果，空间界面的匀质化程度在加深。

（1）室内外空间同质

空间经过物理手段的巧妙处理可以实现使读者身临其境的体验效果，改变影响读者潜意识中的认知点便可以使空间的属性发生意识上的对转。室内空间表现出室外空间的特点，室外空间表现出室内空间的特点，内外空间呈现匀质化。

伊东丰雄先生的经典之作日本仙台媒体中心的中庭空间中央有两个镜面玻璃"管空间"，这种空间由数字化智能计算机控制，实时捕捉室外的光线强度，改变镜面的角度，来实现日光经由这种管筒空间照向底层庭院空间，实现日光内部照明。光线照至底层空间的大理石地面上，经过漫反射的多层反射，加上从玻璃涌进来的正常日光照明使得底层7.4米的超高空间光照十足，读者在此处阅览、交流，犹如身处室外广场空间中一般（图6-4）。

类似地，在层高较小的阅览交流楼层中，除正常管筒空间照明外设计师巧妙运用光源垂直向上投射的光源，光经由楼板层的漫反射反射到强抛光混凝土地面上，将地面照亮，混凝土地面剥离了材料纹理的尺寸感，营造出一种在天空之下畅读书籍的"错觉"。仙台媒体中心通过物理手段与数字化技术的巧妙结合，制造出室内外空间的匀质感，进一步丰富了读者体验，诱导阅览交流

图6-4　仙台媒体中心管筒空间

行为的发生。

（2）空间环境匀质

空间的匀质化还体现在空间整体环境的匀质性，任意光线、温度、湿度、风环境均在环境中表现出匀质性，优质的空间体验还将环境的匀质与室内外同质相结合呼应，消隐室内外界限感受，并由数字化媒体实时监控室内环境指标，通过物理手段智能化调整，来试图实现多维度的匀质平衡。读者在图书馆中游览畅行，会得到均匀化的类环境体验，确有"画中游"的虚拟身临其境之感。日本仙台媒体中心的"管筒"空间概念起始于从水族箱中的飘荡的海草获得启发，来创造一种森林树木林立没有边界的质感空间。伊东丰雄先生试图通过调整在每一根代表森林中的树木的"管"的光与风，并借由智能化处理，来实现整体空间环境指标的匀质性。

（3）空间秩序匀质

黑川纪章曾经预言，建筑会由放射状的单一中心向多元化中心演变。诚然，对于传统建筑而言，空间与空间之间的等级关系较为明显，"服务空间与被服务空间、核心与边缘"等都是空间秩序的体现。在新型人本主义交互模式的影响下，曾经的空间等级秩序在暗示下开始动摇，空间秩序的匀质化理念逐渐被人们所接受。没有哪类空间天生就要低于其他空间一个等级，服务空间与被服务空间等价共生，任何一类空间均为核心。

伊东丰雄于2011年设计的日本媒体中心被誉为"大家的森林"，其通过中心群体的设计来淡化了传统图书馆建筑的中心感，消解了空间等级，体现了空间秩序的匀质感。建筑内图书馆功能区域内的阅览空间划分取消了墙体的分隔，在一个整体空间布局内分区划分了很多功能区块，如阅览、休闲、社交等，功能块之间通过弱限定的方式联系在一起，呈现出"多中心"的共荣效果，空间秩序呈现匀质化趋势。

结语

图书馆是具有特殊机能需求的建筑物，其基本职能包括专门用于收集、整理、保存、传播和使用文献并为人们提供研究和交流的场所。随着网络时代的到来，无线网络开始被广泛应用，人们已经实现可以随时随地在网上阅读和获取信息。

人们现在的学习已经不再仅限于在图书馆中进行，图书馆每天有大量的图书借阅流通、分类、整理、搬运等工作，所以图书馆作为文献信息的存储中心，也必须在时代中前进。信息技术的发展催生了智慧图书馆的出现，在人工智能时代来临之际，我们需要对智慧图书馆的建设与发展作进一步的研究与思考。

在前面，通过中西方公共图书馆历史发展的研究与对比，我们发现，公共图书馆的功能一直都在不断地变化中，一成不变的空间模式和布局形式最终是由一个灵活可变的空间代替。服务区、书库、阅览区等各空间根据读者需求被自由划分，任何角落都是获得信息的位置。图书馆整个功能空间没有明确固定的分类，它们只是被临时赋予了某种功能。任何空间都是学习和获取信息的空间，空间充满了不确定性和矛盾性。

同样，读者和书的关系也会更加密切。网络时代的图书馆书籍可以分布在图书馆的不同的位置，书库不再集中，通过室内移动位置服务技术的发展，传统的书架可以按类别分开排布，在书架与书架之间有大面积的空闲区域，供读者自由享用。阅览空间不仅是阅览空间，同时也是娱乐空间，阅览空间不仅有可供学习的阅览桌，还有席地而坐的垫子、懒人沙发、睡袋等休闲家具。网络时代的阅览区可以随意地分布在图书馆的各个角落里，这些区域读者很容易到达，一般与书库有着方便的联系。藏书库的出现大大减少了，与分散在图书馆的阅览室彼此相连又彼此分开。图书馆的各个功能空间没必要再根据人的行为活动发生的次序来安排它们的位置，各空间可以任意分开组合，不需要像过去一样紧紧相连，可根据新的需要重新组合它们之间的关系。

这里不得不提到"2040 年的图书馆"，这是荷兰公共图书馆协会的一个研究项目，研究重点是公共图书馆的未来，特别是可行、可预言的未来。2000 年该项目完成了第一阶段的成果，即提炼出七个不同的图书馆作为未来公共图书馆的模式，它们都有一个明显的特点，就是图书馆原有的功能继续存在，但一些传统的活动将发生较大的变化。最能反映公共图书馆未来的一个概念设计是布拉邦图书馆。这个图书馆称为元图书馆（Meta-library），拥有 17 千米长的书架，从底层一直螺旋式上升，排列到高度为 230 米的最高层，可容纳 500 万册图书。书架周围是电脑、阅览室、研究室、网吧、剧场等。这里还提供有各种形式的会议室和休闲室，比如有 800 个围绕书架的全玻璃隔断的学习小间。所有最新的概念和功能都集中体现在这一图书馆中。该馆实行终年无休的 365 天每天 24 小时开馆的完全开放制，在这里人们可以获得完整的资源。

在智慧化技术高速发展的今天，空间的内涵与外延都发生了很大变化。空间不再被实体场地空间的身份所束缚，而是催生了很多新的空间形态，并预示着无限延伸的可能。因此，图书馆智慧服务也是智慧图书馆在建设过程中的重中之重，是推动智慧图书馆建成的精髓所在。如何挖掘并掌握智慧图书馆设计的核心要素、构建并遵循有力的理论框架也是智慧图书馆在进行智慧服务设计时必须面临的问题。

智慧化背景下公共图书馆空间优化研究

公共图书馆智慧空间的构建最终落脚点应放在服务上，公共图书馆为读者提供自动化、智能化、个性化的服务，是技术支撑下公共图书馆发展的必然方向。在需求与技术的双重驱动下，公共图书馆智慧空间研究的兴起为图书馆管理和服务转型发展提供了创新性理念和参考模型。本书后半部分通过梳理大量文献中有关图书馆智慧服务的核心学术理论，以及分析当代典型的公共图书馆实践案例，提取了图书馆智慧服务的核心要素，为今后的智慧图书馆提供了可选择的理论参考。

未来，智慧图书馆的形式会更加多样化，智慧图书馆亟须发掘更具个性化的图书馆服务，为智慧图书馆的建设带来新的契机。

参考文献

[1] 吴建中.转型与超越：无所不在的图书馆 [M].上海：上海大学出版社，2012.

[2] 李东来.城市图书馆集群化管理研究与实践 [M].北京：国家图书馆出版社，2006.

[3] 中国人大网.中华人民共和国公共图书馆法 [EB/OL].http://www.npc.gov.cn/npc/xinwen/2017-11/04/content_2031427.htm，2018-7-20.

[4] 李明华.论作为交流场的图书馆——兼谈基础理论研究问题 [J].新世纪图书馆，2012(12):7-11.

[5] 百度百科.空间 [EB/OL].http://baike.baidu.com/item/%E7%A9%BA%E9%97%B4/55280?forcehttps=1%3Ffr%3Dkg_hanyu，2018-7-20.

[6] 王放.历史建筑再生理论的实例应用：兼谈北京艺术博物馆展示空间的改造设想 [J].中国博物馆，2017(2):34-40.

[7] 鲍家声.现代图书馆建筑设计 [M].北京：中国建筑工业出版社，2002.

[8] 董晓霞，龚向阳，张若林，等.智慧图书馆的定义、设计以及实现 [J].现代图书情报技术，2011(2):76-80.

[9] 李德仁，姚远，邵振峰.智慧城市中的大数据 [J].武汉大学学报(信息科学版)，2014(6):631-640.

[10] 丁波涛.从信息社会到智慧社会：智慧社会内涵的理论解读 [J].电子政务，2019(7):120-128.

[11] 汪芳，张云勇，房秉毅.物联网云计算构建智慧城市信息系统 [J].移动通信，2011(15):49-53.

[12] 陈竹，叶珉.西方城市公共空间理论：探索全面的公共空间理念 [J].城市规划，2009(6):59-65.

[13] 吴云.党校应用第三空间图书馆问题探讨 [J].中共青岛市委党校青岛行政学院学报，2013(2):122-124.

[14] 桑琳.论公共图书馆的人文服务：兼论哈尔滨市图书馆人文服务的工作实践 [J].科技情

智慧化背景下公共图书馆空间优化研究

报开发与经济，2012(13):73-75.

[15] 黄湖.基于环境行为学理论的现代高校图书馆空间构成研究[J].图书馆建设，
2011(11):2-6.

[16] 吴夏滨.环境行为学理论下的大学整体式教学楼设计研究[J].大学图书情报学刊，
2014(16):23-26.

[17] 马晓书.公共图书馆建筑功能的异化[J].图书馆工作与研究，2015(16):54-62.

[18] 詹姆斯·ＷＰ坎贝尔，威尔·普赖斯.图书馆建筑的历史[M].杭州：浙江人民美术出
版社，2016.

[19] 邹启峰.用户体验视角下的图书馆空间转型[J].大学图书情报学刊，2017(4):3-6.

[20] 王志平.论图书馆楹联的思想性[J].内蒙古科技与经济，2017(7):160-161.

[21] 虞路遥，尚慧芳.对高校图书馆非正式学习空间设计的思考[J].设计，2016(21):152-
153.

[22] 单轸，邵波.国内图书馆空间形态演化探析[J].图书馆学研究，2018(2):20-26.

[23] 吴建中.新常态新指标新方向：中国图书馆年会主旨报告[J].图书馆杂志，
2012(12):2-6.

[24] 郑清.图书馆学习：教师专业成长的不二选择[J].学园，2013(34):72-73.

[25] 蔡豪源.智慧图书馆驱动下的视障读者服务创新探究[J].国家图书馆学刊，2018(4):64-
69.

[26] 吴越.八十年代新建图书馆评述[J].中国图书馆学报，1990(4):85-90.

[27] 吴建中.21世纪图书馆新论[J].图书馆学研究，2014(12):2-6.

[28] 冯东.近20年来图书馆馆库空间变化研究[J].图书馆学研究，2011(22):2-6.

[29] 傅雪峰.论大学图书馆的"人本位"管理思想[J].解放军艺术学院学报，2005(2):76-
79.

[30] 高晓东.从"书本位"向"人本位"转移完善学校图书馆的服务功能[J].辽宁教育研究，
2006(5):107.

[31] 张倩.全媒体时代面向用户需求的图书馆创新服务研究[J].才智，2017(4):253.

[32] 初景利，段美珍.智慧图书馆与智慧服务[J].图书馆建设，2018(4):85-90.

[33] 柯平.第二届"图书馆发展·岭南论坛"实录：2018年广东图书馆学会学术年会获奖论
文集[C].广州：广东图书馆学会，2018:33.

[34] 王世伟.图书馆智慧体是对图书馆有机体的全面超越[J].图书馆建设，2022(3):4-9.

[35] 高师昕.智慧融媒体内容传播的运营体系构建浅探[J].媒体融合新观察，2022(2):55-
57.

[36] 李校红.公共图书馆智慧服务研究：关键要素实现路径及实践模式[J].情报资料工作，
2019(2):95-99.

[37] 张晓梅，刘泽醇.基于功能与用户感知价值的智慧图书馆空间模型及构建原则[J].高
校图书馆工作，2021(4):30-35.

[38] 杜希林，刘芳.关于"十四五"时期公共图书馆智慧服务若干问题的思考[J].图书馆
工作与研究，2021(9):20-29.

[39] 万乔 . 基于物联网环境下的智慧馆员角色定位与培养方向 [J] . 农业图书情报学刊，2015(2):199-201.

[40] 柯平，胡娟，邱永妍，等 . 我国智慧图书馆建设的目标与路径 [J] . 四川图书馆学报，2022(3):2-10.

[41] 罗丽，杨新涯，周剑 . 智慧图书馆的发展现状与趋势："智慧图书馆从理论到实践"学术研讨会会议综述 [J] . 图书情报知识，2017(13):140-144.

[42] 李楠 . 互联网 + 高校图书馆融合发展模式探讨 [J] . 中国社会科学院研究生院学报，2017(1): 38-43.

[43] 张明霞，祁跃林，李丽卿，等 . 图书馆用户体验的内涵及提升策略 [J] . 新世纪图书馆，2015(7):10-13.

[44] 熊莉君 . 图书馆阅读推广的"互联网 +"应用研究述评 [J] . 图书馆工作与研究，2018(2):23-27.

[45] 曾子明，秦思琪 . 去中心化的智慧图书馆移动视觉搜索管理体系 [J] . 情报科学，2018(1):11-15, 60.

[46] 智慧图书馆点开城市文化"第三空间"[EB/OL] . [2018-04-12] . http://www.caigou.com.cn/new/2017120164.shtml.

[47] 初景利，段美珍 . 智慧图书馆与智慧服务 [J] . 图书馆建设，2018(4):85-95.

[48] 朱天慧 . 新型图书馆：概念商店及其启示 [J] . 图书馆杂志，2002(5):69-71.

[49] 张春红 . 新技术：图书馆空间与服务 [M] . 北京：海洋出版社，2014.

[50] 张晓林 . 颠覆数字图书馆的大趋势 [J] . 中国图书馆学报，2011(5):4-12.

[51] 邹启峰 . 用户体验视角下的图书馆空间转型 [J] . 大学图书情报学刊，2017(4):3-6.

[52] 赵德菊 . 新媒体时代公共图书馆创新服务研究：以重庆图书馆为例 [J] . 农业网络信息，2015(6):67-69.

[53] Gallica.About Gallica[EB/OL] . [2014-01-10] . http://gallica.bnf.fr/.

[54] 杨佳赟 . 第九届上海国际图书馆论坛论文集 [M] . 上海：上海科学技术文献出版社，2018.

[55] 上海市静安区图书馆 . 静图简介 [EB/OL] . [2019-07-31] . http://www.shjinganlib.net/Default.aspx#page3.11.SKYGGEBJERG L K.Bibliotekets rødder i det fremvoksende industrisamfund［EB／OL］.［2020-03-10］. https://backend.or-bit.dtu.dk/ws / portalfiles / portal / 139800049 / DTU Library 75.pdf.

[56] 初景利 . 图书馆的生存挑战与变革 [J] . 中国图书馆学报，1995(1):86-89.

[57] 王世伟 . 未来图书馆的新模式——智慧图书馆 [J] . 图书馆建设，2011(12):1-5

[58] 贾同兴 . 人工智能与情报检索 [M] . 北京：国家图书馆出版社，1997.

[59] 王秀香，李丹 . 我国图书馆标准规范体系构建研究 [J] . 图书馆，2017(9):9-12.

[60] 李笑野，陈晓，王伯言 . 再造大学图书馆 [M] . 上海：上海社会科学院出版社，2013.

[61] 班鹏毅 . 结合城市设计理论和方法的公共空间特征与对策析评：浅析城市消极空间优化策略 [C] . 城市发展与规划论文集，2018(3):1392-1398.

[62] 彭一刚 . 建筑空间组合论 [M] . 北京：中国建筑工业出版社，2008.

智慧化背景下公共图书馆空间优化研究

[63] 贾巍杨.交互空间:多媒体时代的建筑 [J].山东建筑工程学院学报,2005(4):32-35.

[64] 夏铸九.网络社会的大学节点:作为异质地方的大学图书馆 [J].新建筑,2007(1):11-15.

[65] 刘佳润.数字时代图书馆管理创新途径 [J].智库观察,2015(23):148-163.

[66] 余涛.智能空间:人类与自然和谐共处的新范式 [M].杭州:浙江工商大学出版社,2011.